USCHI LOTH

Hauptsache
Ball

Jetzt geht's rund
im Hundetraining

CADMOS

Copyright © 2014 by Cadmos Verlag, Schwarzenbek
Gestaltung und Satz: Johanna Böhm, Dassendorf
Lektorat: Dorothea von der Höh

Coverfoto: shutterstock.com/Jeff Thrower
Fotos im Innenteil: Soheil Ghavami, falls nicht anders angegeben

Druck: Westermann Druck, Zwickau

Deutsche Nationalbibliothek – CIP-Einheitsaufnahme
Die Deutsche Nationalbibliothek verzeichnet diese Publikation in der Deutschen Nationalbibliografie; detaillierte bibliografische Daten sind im Internet über http://dnb.ddb.de abrufbar.

Printed in Germany

ISBN: 978-3-8404-2510-3

Hauptsache **Ball**

Inhalt

Vorwort

Ein Buch über Bälle?

Jedes Kleinkind lernt diese Vokabel gleich nach Mama, Papa und Auto und nennt anfangs jedes runde Ding Ball.

Der Ball behält seine Faszination für viele Menschen bis ins hohe Alter.

Doch was hat das mit Hunden zu tun? Sind es nur wir Menschen, die den Ball für Hunde zum Spielzeug Nummer eins gemacht haben, oder übt der Ball auf Hunde seine ganz eigene Magie aus? Bälle bestechen für Hunde zunächst einmal durch die Eigenschaft der Bewegung. Sie können rollen, hüpfen und fliegen. Wo gibt es schon in der Natur ein so herrliches Beutevorbild?

Wer Hunde führt, hat also sicher auch irgendwann Erfahrungen im Umgang mit Ball und Hund gemacht. Einige dieser ganz persönlichen Geschichten finden sich in diesem Buch in den umrandeten, hell unterlegten Kästen wieder.

Für viele Menschen reduziert sich aber leider der Einsatz des Balls auf folgende Beziehung: Der Mensch sorgt für die Bewegung, erweckt den Ball also quasi zum Beuteleben, und der Hund jagt.

Dass man aber mit einem Ball im Alltag mit Hund so viel mehr an kreativen Ideen umsetzen kann, soll dieses Buch zeigen. Vielleicht wird auf diesem Weg aus dem einen oder anderen Balljunkie noch ein echter Ballprofi.

Uschi Loth im Januar 2014

Faszination
Ball

Der Ball ist nicht nur für Kinder, sondern auch für Hunde das Spielzeug Nummer eins. Höchste Zeit, dieser Faszination auf den Grund zu gehen.

Das Angebot an Bällen ist in Spielwarenabteilungen und im Zoofachhandel unüberschaubar groß. Für kleine Kinder besteht ein großer Teil der Attraktivität von Bällen in der Farb- und Mustergestaltung. Dieses Element fällt für unsere Hunde fast völlig weg. Entgegen früheren Meinungen können sie zwar Farben sehen und differenzieren, legen aber in ihrer Orientierung andere Schwerpunkte. Rot und Grün können Hunde nicht gut unterscheiden. Wir nehmen an, dass sie diese Farben als Grauabstufungen wahrnehmen. Das bedeutet, dass der rote Ball auf grüner Wiese für den Hund optisch kaum hervorsticht. Der Mensch hingegen sieht den Ball gut und wundert sich vielleicht über seinen Hund, der bei der Suche fast über den Ball stolpert.

Will ich also dem unerfahrenen Hund zunächst helfen, so sollte ich einen gelben, blauen oder orangefarbenen Ball wählen. Soll der Hund sich später nur mit der Nase (olfaktorisch) und nicht optisch orientieren, so empfiehlt sich für die Suche auf der Wiese durchaus ein roter oder grüner Ball.

Gestalt, Oberfläche und Material

Eigentlich ist ein Ball definitionsgemäß eine runde Sache. Die heutige Industrie hat aber zahlreiche Varianten geschaffen, die völlig neue dynamische Effekte erzeugen. Die Bälle werden dadurch in der Bewegung unberechenbar. Besonders Eiformen drehen sich, wenn sie vom Hund geschoben werden, unkalkulierbar weg und haben etwas von einem Haken schlagenden Beutetier.

Rot und Grün nehmen Hunde nicht als eigenständige Farben, sondern nur als Grauabstufungen wahr.

Ein gelber Ball hingegen hebt sich für den Hund gut sichtbar vom Gras ab.

Es gibt inzwischen hartschalige Eiformen in unterschiedlichen Größen, die von den Hunden mit Begeisterung über die Wiese bewegt werden. Daneben gibt es aber auch elliptische Bälle, die beim Auftreffen auf den Boden ähnlich unvorhersehbar in die unterschiedlichsten Richtungen springen und den Hund immer wieder verblüffen können.

Die Größe des Balls ist ausschlaggebend für das, was der Hund später damit macht oder machen soll. Wichtig ist dabei, auch das Gefahrenpotenzial nicht außer Acht zu lassen (siehe Kasten Seite 10).

Kleinere Bälle werden vom Halter meist nur einseitig im Sinne von Werfen, Bewegte-Beute-jagen-Lassen, Zurückbringen und Abgeben eingesetzt. Um der Eintönigkeit der sich stets wiederholenden Tätigkeit des Menschen beim Ball-Apport etwas entgegenzusetzen, hat die Industrie sehr viel Kreativität in Oberfläche und Gestalt dieser Apportierbälle gesetzt. So gibt es weiche Bälle, harte Bälle, Bälle mit Noppen, Warzen und glatter Oberfläche, Bälle, die quietschen oder eine Palette von Tönen von sich geben, und solche, die extra zum Knautschen einladen sollen.

Der Futterbeutel wurde geschaffen, damit der Hund mit seinem Teampartner Mensch gemeinsam auf die Jagd geht und dabei auch die Endhandlung Fressen ablaufen kann. Die Industrie hat inzwischen auch eine Ball-Variante entwickelt, die für den Hund ein attraktives Innenleben in Form von Futter bietet. Das sind die sogenannten Futterbälle, die bei Bewegung ihren Futtervorrat ausstreuen. Der wichtige Unterschied zum Futterbeutel besteht aber darin, dass sich der Hund hier allein beschäftigt und auch allein bedient. Die Kooperation mit dem Menschen ist nicht vorgesehen. Diese Bälle können sinnvoll eingesetzt werden, wenn Hunde Probleme mit dem Alleinsein haben oder die Technik des Ballschiebens eingeübt werden soll (siehe Kapitel „Treibball").

Die großen Bälle lassen sich so ohne Weiteres nicht mehr vom Hund ins Maul nehmen. Je nach Hundetyp werden sie geschoben, gestupst oder mit der Pfote ins Rollen gebracht.

Bei Hunden, die gerne die Zähne einsetzen, sollte man zu den beliebten hartschaligen Bällen greifen, die ursprünglich zur Beschäftigung von Ferkeln und Zootieren geschaffen wurden. Die weichen Gymnastikbälle werden hauptsächlich zum Treib-, Team- und Wasserball eingesetzt. Überdimensionale Hartbälle eignen sich auch für Balancierübungen (siehe Kapitel „Zirkusreifer Balanceakt").

ACHTUNG – GEFAHRENPOTENZIAL BALL!

Man achte unbedingt darauf – besonders bei temperamentvollen Hunden –, niemals zu kleine Bälle zu wählen. Kleine Bälle sollten immer ein Seil haben. Ein Ball, der tief nach hinten in den Hundeschlund gerät, ist praktisch nicht wieder herauszubekommen, wenn man nicht an einem Seil ziehen kann. Der Hund erstickt jämmerlich. Bei ballverrückten Hunden sollte man grundsätzlich alle kleineren Bälle, die der Hund verschlucken könnte, außer Reichweite bringen.

Echte Tennisbälle aus dem menschlichen Sportbereich sollte man für den Hund nicht benutzen. Die oberflächlichen Fasern schädigen die Zähne und den Magen-Darm-Trakt, wenn der Hund sie schluckt.

Je nach Hundetyp geht Gymnastikbällen schnell die Luft aus.

LAIKAS ANTISTRESSBALL

Laika ist eine schlanke Schäferhündir mit unruhigem Ohrspiel. Während der gesamten Anamnese im Besprechungszimmer kam sie nicht zur Ruhe. Sie tigerte auf und ab, hechelte stark und kratzte mal sich selber, mal am Boden. Wenn sie sich kurz hinlegte, stand sie sofort wieder auf und die gesamte Bewegungsabfolge wiederholte sich. Draußen outete sich Laika als Balljunkie. Ihre Besitzerin konnte kaum einen Schritt gehen, ohne von Laika bedrängt zu werden. Flog der Ball, so sprintete Laika wie der Blitz hinterher und holte den Ball im Lauf fast ein. Während sie den Ball apportierte, knautschte sie auffällig darauf herum. Die Besitzerin stöhnte über den hohen Kosteraufwand an Bällen, wobei die eine Hälfte auf das Konto ihrer Ballwurffähigkeiten ging und die andere auf Laikas Ballzerstörung.

Bei der Begegnung mit dem ersten Hund auf dem Gelände der Hundeschule rastete Laika völlig aus. Sie hatte ganz offensichtlich Stress.

Das Wort Stress ist heute in aller Munde. Menschen sind gestresst, Kühe und Schweine, Zootiere und auch unsere Hunde sind zunehmend gestresst. Grundsätzlich ist Stress eine lebenserhaltende körperliche Reaktion auf einen bedrohlichen Außenreiz. Der Körper mobilisiert alle Kräfte, um sich auf schnelle Flucht oder auf Kampf einzustellen. Stress ist immer mit Hormonausschüttungen von Adrenalin, Noradrenalin und Cortisol verbunden. Würde also ein Hund in Laikas Blickfeld erscheinen, der mit allen körperlichen

Ausdrucksmitteln „Angriff" signalisiert, so müsste Laika sehr schnell entscheiden, ob Gegenwehr oder Flucht die bessere Lösungsstrategie wäre. Ist die Stresssituation vorbei, muss die körperliche Hochleistungsform wieder auf Normalwert zurückgefahren werden (Erholungsphase).

Bei Laika war dieses sinnvolle biologische System aus der Balance geraten. Ihr Nervenkostüm war so dünnhäutig, dass sie bei alltäglichen Außenreizen fast ständig in Stresssituationen geriet. Hunde, die diese angeborene Komponente mitbringen, dürfen in ihren Aktivitäten nicht in ein hohes Erregungspotenzial gebracht werden. In der Regel muss bei solchen Hunden ein ganzes Paket von Maßnahmen nacheinander beziehungsweise parallel ergriffen werden.

Laika hat es zusätzlich sehr geholfen, einen speziellen Ball im Maul knautschen zu dürfen. Diese Bälle sind bewusst dafür geschaffen worden und haben daneben noch einen zahnreinigenden Effekt. Die Balljagd haben wir eingestellt und durch ruhige Sucharbeit mit dem Ball ersetzt (siehe Kapitel „Nasenarbeit XXL").

An anderen Hunden konnte sie nach einiger Zeit zwar immer noch steifbeinig, aber ohne Ausraster mit dem Ball im Maul vorbeigehen. Der Antistressball soll nur eine vorübergehende zusätzliche Hilfe sein. Er ist kein Allheilmittel. Er kann auch für Hunde hilfreich sein, die mit dem Alleinsein überfordert sind.

Der Ball

als Spaß- und Sportfaktor

Sport sollte einen hohen Spaßfaktor haben, und Spaß mit dem Hund fordert häufig von beiden Teampartnern eine gehörige Portion an Sportlichkeit. Für beides kann der Ball ein idealer Mediator sein.

Hunde spielen mit Bällen aller Art auch selbstvergessen allein im Garten oder Wohnzimmer. Man muss sie dazu nicht motivieren oder aktivieren. Der Ball in seiner Eigendynamik ist Primärmotivation schlechthin. Bewegte Beute – hier der Ball – will gejagt werden, vorausgesetzt, die Grundstimmung dafür ist da (siehe Kapitel „Motivation"). Der Ball kann als Motivationsmittel ebenso wie ein Leckerli oder unsere Stimme verwendet werden. Wenn im Zusammenhang mit Bällen wiederum Leckerlis eingesetzt werden, dann meist gar nicht im Sinne von Motivation, sondern als Bestechung. Freundlich gesagt, biete ich dem Hund das Leckerli als Tauschobjekt an, weil er mir den Ball freiwillig nicht geben will.

Werfe ich beispielsweise den Ball, so wird fast jeder junge Hund hinterherlaufen. Die meisten nehmen den Ball auch spontan ins Maul, und dann kommt der Interessenskonflikt: Der Mensch will seine „Beute" zurückhaben, der Hund will sie behalten. Leider handelt es sich in beiden Fällen um ein und denselben Ball. So ruft der Besitzer seinen Hund zu sich und greift sofort nach der Beute. Bestenfalls denkt der Hund nun, dass sein Mensch mit ihm um die Beute streiten will, und er lässt sich darauf ein. Diese Beutediskussion als Zerrspiel geht manches Mal zum Nachteil des Menschen aus. Im schlechteren Fall entscheidet der Hund, dass es besser ist, sich mit der Beute im Maul seinem Menschen maximal auf eine Distanz von zwei bis drei Metern zu nähern oder gleich das Weite zu suchen.

Hunde können völlig selbstvergessen mit einem Ball spielen und toben.

NSCHO-TSCHIS ERSTES BALLSPIEL

Meine jüngste Briardhündin Nscho-Tschi ist neun Wochen alt und ich sitze mit ihr auf einer Decke. Sie hat eine kurze Schleppleine am Geschirr. Ich lasse einen Ball mit kurzem Seilstück um mich herumhüpfen und mache lustige quiekende Geräusche dazu. Sekundenlang sitzt mein Welpe mit schief gelegtem Köpfchen vor mir, dann sprudelt es aus ihr hervor. Mit einer Art „Mäuselsprung" hüpft sie los. Pfoten und Mäulchen sind darauf ausgerichtet, dieses lustige Etwas zu fangen. Ich gebe ihr bald die Chance und habe schon vorher vorsichtig nach der Leine gegriffen, um einen möglichen Fluchtversuch mit der Beute bereits im Vorfeld ausbremsen zu können. Dann kommt der entscheidende Moment: Ich greife nicht nach der Beute, sondern streichele und

In beiden Fällen tritt beim Menschen Frustration ein, denn diese Runde ging nach Punktwerten an den Hund. Dann wird der Hund meist mit besonders attraktiven Leckerlis gelockt und bekommt diese zum Tausch angeboten. Sicherlich ist das im einen oder anderen Fall ein legitimes Mittel. Doch eigentlich sollte ein Teamspiel keine Leckerlis nötig haben. Meine Hunde brauchen es untereinander auch nicht.

Wenn der Hund zu der geringen Prozentzahl der Hunde gehört, die die Beute auf lobe meinen kleinen Hund für seinen tollen Jagderfolg.

Mit hoch erhobenem Schwänzchen und stolz geschwellter Brust steht sie da und hält ganz still. Nscho-Tschi hat schon jetzt gelernt, wie schön es ist, vom Teampartner Mensch anerkannt zu werden – auch als ganz junger Hund.

Anfangs ließ Nscho-Tschi den Ball meist sehr schnell beim Streicheln fallen, dann ging das lustige Spiel mit dem hüpfenden Ball sofort von vorne los. Als Nscho-Tschi etwas älter wurde, kam der Moment, wo sie die Beute zunehmend länger festhielt und auch einen gewissen Eigenanspruch zu demonstrieren versuchte. Ich habe sie nur ganz ruhig festgehalten und mit der anderen Hand flach unter ihrer Schnauze von der Kehle an in Richtung Schnauzenspitze gestreichelt. Ich habe den Ball dabei nicht angefasst. Meine Kleine hat das Mäulchen aufgemacht und der Ball glitt ganz ohne Streit und

Diskussion sanft in meine darunter befindliche Hand. Sofort ging das tolle Spiel weiter. Das klappt bei fast allen Hunden, wenn sie nicht schon zu viele Vorerfahrungen über Eigenbesitz gemacht haben.

Was hat der junge Hund nun gelernt?

- *Wenn ich Beute habe, bekomme ich von meinem Menschen Lob und Anerkennung.*

- *Wenn ich die Beute abgebe, geht das tolle Spiel weiter.*

- *Mein Mensch ist in jedem Falle toll und unterm Strich hat er die Kontrolle über den Ball.*

abgibt. Es sollte aber keine Dauerlösung sein. Denn wenn der Hund grundsätzlich nicht abgibt, bestehen Missverständnisse in der Beziehung zwischen Mensch und Hund, und diese sollten erst einmal geklärt werden, bevor ich mit ihm Ball-Beutespiele mache.

Bei älteren Hunden, die sehr „beuteverrückt" sind, hilft es manchmal, sie sich hinlegen zu lassen. Meist wird die Beute dann auch abgelegt. Aber Achtung beim Greifen nach dem Ball: Ältere territoriale Hunde können blitzschnell nachfassen, wenn die menschliche Hand als Konkurrent interpretiert wird. Hier hilft es, den Fuß auf

den Ball zu stellen, den Hund an der Leine souverän wegzuführen und später den Ball ruhig aufzunehmen. Der Hund muss – anfangs immer über die Leine abgesichert – die Erfahrung machen, dass es für ihn von Vorteil ist, den Ball abzugeben. Ich versuche es zu vermeiden, den Hund am Halsband zu manipulieren. Grundsätzlich würde ich aber mit Hunden, die keine Teamfähigkeit im Spiel mit ihrem Menschen haben, auch keine erregenden Ballspiele machen, sondern zunächst über andere Übungen (zum Beispiel Impulskontrolle) die Beziehung klären und stärken.

DER SCHLÜSSEL ZUM LERNEN LIEGT IN DER MOTIVATION

Franzy trippelt von einem Vorderfuß auf den anderen. Dabei lässt sie keinen Blick von mir. Ihre Rute wedelt kurz, fast ruckartig bei niedriger Haltung. Kaum stehe ich an der Tür, huscht sie hinter mir aus dem Zimmer. Diese Szene wiederholt sich täglich nach dem Frühstück. Wir beide gehen gemeinsam auf die Jagd. Franzy weiß genau, wo unser Jagdziel wartet. Sie steht vor dem Wohnzimmerschrank und fixiert ihn. Auf dem Schrank liegt ein großer weicher Ball, den wir „die Ratte" getauft haben, weil er so grau ist. Dann muss Franzy Sitz machen und warten, bis ich die Ratte versteckt habe. „Such und bring", heißt ihr Kommando. Während Franzy intensiv ihre Ratte sucht, räume ich die Etage auf.

Später geht Franzy mit mir auf die Wiese, um für die Begleithundeprüfung zu üben. Ich zeige ihr den geliebten Ball und lege ihn mit den Worten „Der wartet auf uns" am Wegesrand ab. Franzy läuft mit mir eine einwandfreie, hoch konzentrierte Unterordnung. In der Kehrtwende mit anschließendem Sitz neben mir hat sie besonders schön gearbeitet. Mit ausgestrecktem Arm weise ich in Richtung des abgelegten Balls und schicke sie zu ihrem höchstpersönlichen Jackpot. Sie hat sich ein gemeinsames Spiel verdient.

Die Aussicht auf einen Jackpot ist eine tolle Motivation.

Motivation

In beiden Fällen hat der Hund hoch motiviert gearbeitet. Im ersten Fall war es die pure Lust am Suchen und Apportieren, die eine anschließende Belohnung überflüssig machte. Bei der begeisterten „Ratten"-Suche hat er seinen persönlichen Glückshormon-Cocktail. Ein solcher Hund ist primär oder intrinsisch motiviert. Im zweiten Fall hat der Hund für die zu erwartende Belohnung (das Ballspiel) gearbeitet. Die freudige Erwartung auf das gemeinsame Spiel hat seine Körperspannung erhöht und die Konzentration auf den Punkt gebracht. Da er nie weiß, an welcher Stelle der Unterordnung der Jackpot kommt, bleibt dieser Zustand über längere Strecken erhalten. Diese Form der Motivation nennt man sekundäre oder extrinsische Motivation.

Beide Motivationsformen können zu einem objektiv gleich guten Ergebnis führen. In der Regel gilt die intrinsische Motivation als erstrebenswert, lässt sich aber nicht für jeden Hund und jede Tätigkeit erreichen.

Grundsätzlich ist die Motivation auch von der jeweiligen Tagesform (müde/wach, hungrig/satt) und von der Qualität des gebotenen Motivationsmittels abhängig. So lässt sich Futter über normales Trockenfutter bis hin zum Superleckerli steigern. Das Motivationsmittel wird später zur Belohnung.

Für manche Hunde ist das Ballspiel der absolute Jackpot. Die Erwartung von Lob, Streicheln und die glückliche körperliche Ausstrahlung des Hundeführers sollten aber als Motivation für den Hund nicht unterschätzt werden.

MENSCHLICHER EHRGEIZ

Eine kleine Begebenheit aus meiner Hundeschule, die sich vor vielen Jahren ereignete, mag widerspiegeln, was menschlicher Ehrgeiz bei Hunden auszulösen vermag.

In einer lange untereinander bekannten Hundegruppe fand jeweils zu Beginn und am Schluss ein harmonisches Freispiel statt. Während der Gruppenstunde wollte ich das altbekannte Kinderspiel „Eine Reise nach Jerusalem" mit den Teams spielen. Ich hatte dazu eine Reihe von Stühlen, jeweils einen um den anderen um 180 Grad versetzt, aufgestellt. Es befand sich ein Stuhl weniger in der Reihe als Teams vorhanden waren. Die Aufgabe hieß: Wenn die Musik aufhört, sollte jeder Mensch einen Stuhl erobern und seinen Hund vor sich ins Platz legen. In jeder Runde musste das Team ausscheiden, welches keinen Stuhl ergattert hatte. Dann wurde wieder ein Stuhl entfernt. Die Hundeführer dieser Gruppe waren normalerweise sehr besonnen und führten ihre Hunde souverän in Gegenwart anderer Hunde. Dieses Mal hatte ich den Ehrgeiz einiger dadurch angestachelt, dass ich für den Gewinner einen Preis ausgesetzt hatte. Die Hundeführerin, die ihre Ellenbogen am rücksichtslosesten einsetzte, gewann. Einige Hundeführer hatten sich nicht beirren lassen, machten gelassen ihre Aufgabe und schieden meist frühzeitig aus, weil sie sich und ihren Hund nicht so hochheizen wollten.

Auf dem Rückweg bissen sich drei Hunde beim Freispiel. Es waren die drei bis zum Schluss übrig gebliebenen Teilnehmer des vorherigen „Spiels". Die erregten Emotionen der Besitzer hatten sich auf die Hunde übertragen.

Wer mit seinem Hund in einen Wettkampf geht, sollte immer darüber nachdenken, was dabei im Hund vor sich geht. Nach dem Stress des Wettkampfes muss der Hund zwingend genügend Zeit zum Regenerieren haben.

Auch nicht ganz so „flugfreudige" Hunde können lernen, einen Ball aus der Luft zu fangen.

Den guten Trainer macht die sensible Abstimmung von folgenden drei Parametern aus:

- *die individuellen Anlagen des eigenen Hundes*
- *die geplante Aufgabe*
- *das dafür geeignete Motivationsmittel*

Nicht jedes Mittel ist für jeden Hund geeignet, und was für die eine Aufgabe gut ist, muss es nicht für die nächste sein.

Sportarten rund um den Ball

Sport, Spiel und Spannung sind eigentlich drei Begriffe, die zusammengehören sollten. Wenn man sich den heutigen Hundesport ansieht, so ist es leider oft nicht anders als in menschlichen Sportarten: Ehrgeiz, Ruhm und Wettkampf stehen leider viel öfter im Vordergrund.

Die meisten Sportarten werden in Vereinen trainiert, was grundsätzlich eine tolle Sache ist. Hier sollten Teamgeist und gemeinsame Freude am Tun mit dem Hund gefördert werden, was sicher oft auch der Fall ist. Wenn der Ehrgeiz allerdings überwiegt, dann bleibt der Teamgeist häufig auf der Strecke. Der Hund ist der erste, der darunter leidet und auf dieser Strecke verloren geht.

Ich wünsche allen Mensch-Hund-Teams, dass sie mit viel Freude an den Ball-Sportarten arbeiten und dabei das gemeinsame Tun vor dem Gewinn steht.

FLYBALL

Flyball ist eine Mannschaftssportart, die ursprünglich aus Amerika kommt. Sie ist an das Vorhandensein einer Flyballmaschine und Hürden gebunden. Geschickte Bastler können sich ein derartiges Gerät selber bauen, man kann sie aber auch erwerben.

Die Flyballmaschine ist eine Ballwurfmaschine, die der Hund selber bedienen kann. Auf Pfotendruck wird der Ball ausgeworfen und der Hund sollte ihn möglichst umgehend fangen.

Vor dieses eigentliche Ball-Ereignis lassen sich nun beliebig viele Aufgaben positionieren. Bei einem Turnier soll der Hund zum Beispiel vier Sprunghürden überwinden und anschließend mit dem Ball auf dem gleichen Weg zurückkommen. Flyball ist neben der akkuraten Ausführung vor allem auf Schnelligkeit ausgelegt. Bewertet wird die Zeit einer ganzen Mannschaft.

Flyball sollte sehr gewissenhaft mit einem Trainer eingeübt werden, wenn es turniermäßig betrieben werden soll. Wer Flyball zum eigenen Vergnügen und dem des Hundes im eigenen Garten betreiben will, der sollte unbedingt beachten, dass der herausschleudernde Ball – je nach Konstruktion der Maschine – Verletzungsgefahr birgt. Herkömmliche Tennisbälle sollten nicht verwendet werden (siehe Kapitel „Gestalt, Oberfläche und Material").

In der Kannphase arbeitet der Hund völlig selbstständig, ohne seinen Teampartner Mensch.

Das Training beim Flyball besteht aus drei Grundelementen:

1. Ball fangen und apportieren
2. Pfotentouch auf ein Target
3. Hürden überspringen oder außerhalb von Turnieren auch andere Aufgaben erfüllen

Die Schritte 1 und 2 müssen hinterher an der Flyballmaschine kombiniert werden. Schließlich werden alle drei Elemente zu einer flüssigen Abfolge trainiert.

Schritte 1 und 2

Diese lassen sich zunächst trainieren, indem der Mensch die Aufgabe der Ballwurfmaschine übernimmt. Der Hund lernt, den Ball aus der Luft mit dem Maul zu fangen und zum Menschen zurückzubringen. Manche Hunde sind darin sehr begabt, andere brauchen längere Übungseinheiten. Wenn ich diesbezüglich meine Briards mit den meisten Border Collies vergleiche, so sind meine Hunde regelrechte Ballfanglegastheniker. Aber gelernt

haben sie es auch alle – zumindest wenn die Augen nicht von Haaren bedeckt sind.

Der Pfotentouch auf ein Target ist eine vielseitig zu verwendende Grundübung (zum Beispiel, um Lichtschalter zu betätigen). Ich verwende als Targets gerne gummierte Discs von etwa 20 Zentimetern Durchmesser. Man kann sich aber auch aus Teppichbodenresten oder Küchensets ein passendes Stück herausschneiden.

Zunächst einmal setze ich mich vor der Hund auf die Erde – mit Futter und Clicker in der einen Hand, in der anderen halte ich das Target. Die Futterhand bleibt geschlossen vor der Nase des Hundes. Viele Hunde zeigen spontan noch Reste des sogenannten Milchtritts und heben eine Pfote, sobald sie nicht sofort an das ersehnte Futter kommen. Hier muss man

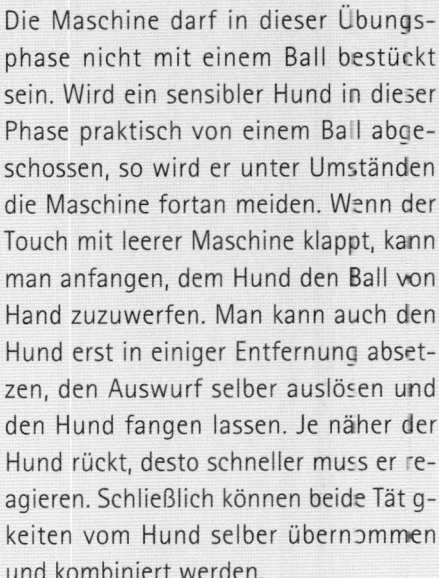

ACHTUNG

Die Maschine darf in dieser Übungsphase nicht mit einem Ball bestückt sein. Wird ein sensibler Hund in dieser Phase praktisch von einem Ball abgeschossen, so wird er unter Umständen die Maschine fortan meiden. Wenn der Touch mit leerer Maschine klappt, kann man anfangen, dem Hund den Ball von Hand zuzuwerfen. Man kann auch den Hund erst in einiger Entfernung absetzen, den Auswurf selber auslösen und den Hund fangen lassen. Je näher der Hund rückt, desto schneller muss er reagieren. Schließlich können beide Tätigkeiten vom Hund selber übernommen und kombiniert werden.

jetzt gut aufpassen und das richtige Timing haben: Sobald sich die Pfote nur ein wenig hebt, erfolgt der Click und die Futterbestätigung. Hat der Hund verstanden, dass es für das Heben der Pfote eine Belohnung gibt, kann man dafür sorgen, dass die Pfote jedes Mal auf dem Target landet. Erst wenn der Hund gezielt auf das Target tritt, wird das Signalwort (zum Beispiel „touch") eingeführt.

Das Target kann sukzessive nach Bedarf verkleinert werden. Legt man es auf den Auslöser der Flyballmaschine, gibt es kaum Schwierigkeiten für den Hund, die entsprechende Taste mit der Pfote zu betätigen.

Schritt 3
Das Überspringen der Hürden ist dann meist kein großes Problem mehr, denn der Hund

Wer sich nicht unbedingt auf Turnieren messen möchte, hat auch die Möglichkeit, kreative Ideen auszuprobieren, die den Hund geistig mehr auslasten. Spannend wäre es, den Weg zur Flyballmaschine unterschiedlich zu gestalten. Ich könnte mir vorstellen, die Hürden immer wieder anders zu positionieren, mal einen Tunnel einzubauen oder den Ball auf dem Rückweg in ein Körbchen ablegen zu lassen, das dann zum Menschen transportiert werden muss. Der Kreativität sind keine Grenzen gesetzt.

hat in beide Richtungen ein Ziel. Muss er vom Menschen weglaufen, so hat er seine Ballwurfmaschine im Visier. Auf dem Rückweg ist (hoffentlich) der Mensch das Ziel.

Nun muss nur noch an der akkuraten und zuverlässigen Ausführung und der Geschwindigkeit gefeilt werden (zum Beispiel schnellen Wendungen). Hier verweise ich auf das Training der einschlägig spezialisierten Vereine.

BASKETBALL
Die typischen Basketballkörbe sind jedem aus dem menschlichen Sportbereich bekannt. Für Kinder kann man sie manchmal in Spielwarengeschäften höhenverstellbar an einem Stativ bekommen. Für Hunde-Basketball benötigt man einen entsprechenden Korb in passender Hundehöhe, in den der Ball manövriert werden soll. Vielleicht erweist es sich aber als gar nicht so praktisch, die typischen Basketballkörbe zu verwenden, da der Ball durch das Netz ja wieder zu Boden fällt. Eine kostengünstige und „hündische" Variante könnte zunächst ein Eimer oder Korb sein.

Nun werden zwei Mannschaften aufgestellt. Da ich kein Freund davon bin, Hunde im ehrgeizigen Spiel gegebenenfalls so hochzufahren, dass sie schlimmstenfalls sogar übergriffig werden, würde ich die Hunde nur einzeln auf dem Spielfeld arbeiten lassen. Für den „gegnerischen" Hund kann es eine tolle Steadiness-Aufgabe sein, an einem festgelegten Platz in der Ablage auf seinen Einsatz warten zu müssen – eine schwierige Übung!

Es ist nun die Aufgabe des Menschen, seinen Hund zum Apport in den Korb zu motivieren. Der Schwierigkeitsgrad lässt sich

Anfangs muss der Hund noch zum Ablegen des Balls in den Korb veranlasst werden.

variieren, indem man dem menschlichen Spiel-partner nur bestimmte Positionen erlaubt und der Hund sukzessive auf steigende Distanz dirigiert werden muss.

Material:
- *ein Korb*
- *ein Ball, der vom Hund gut apportiert werden kann (gegebenenfalls für jeden Hund einen passenden)*
- *eine Decke oder Markierung für die Ablage*

Vorkenntnisse:
- *Ball-Apport*
- *Grundübung „Aufräumen"*
- *ruhige Ablage unter Ablenkung*

Lernziel:
Zwei Hunde sollen abwechselnd den Ball vom Mittelpunkt des Spielfelds in den Korb ablegen. Der andere Hund soll dabei mit Sichtkontakt in der Ablage am Spiel-feldrand warten. Beide Hundeführer sollen die Hunde aus der Distanz dirigieren.

Schritt 1
Der Ball wird in die Mitte des Spielfelds gelegt und der Hundeführer darf seinen Hund begleiten. Er geht mit zum Ball, motiviert den Hund zur Aufnahme und rennt mit ihm zum „Korb". Über dem Gefäß muss der Hund zum Ablegen des Balls veranlasst werden, was bei spieleifrigen Hunden vielleicht einiger Über-redungskünste bedarf. Hier ist es am An-fang durchaus hilfreich, ein Leckerli tief in das Gefäß zu halten, sodass der Hund seinen Kopf über das Gefäß hält. Macht der Hund das Maul auf, um seine Belohnung zu bekom-men, fällt der Ball ins Gefäß und man sagt pa-rallel „Aus" (siehe Grundübung Aufräumen). Danach sollte sofort ein neues Spiel beginnen, damit der Hund nicht den Eindruck bekommt, mit dem „Aus" sei alles vorbei. Gegebenen-falls bietet es sich an, für das Belohnungsspiel den Lieblingsball des Hundes aus der Tasche zu zaubern.

Nun ist der andere Hund am Zug und der ei-gene muss – zunächst noch angeleint – zuse-hen. Es empfiehlt sich, für den abgelegten Hund entweder eine Decke zu haben oder der Abla-geplatz deutlich als „Box", zum Beispiel mithilfe von Pylonen, zu markieren.

Die deutlich markierten Ablagestellen geben den Hunden Planungssicherheit und zeigen ihnen, wo sie liegen sollen.

Schritt 2

Wenn Schritt 1 prima klappt, kann man als Hundeführer versuchen, am Korb stehen zu bleiben, den Hund zur Spielfeldmitte zu schicken und sich den Ball bringen zu lassen. Für die Ablage im Korb ist anfangs sicher die Nähe des Menschen von Vorteil.

Schritt 3

Schrittweise entfernen sich beide Hundeführer von ihren Hunden und dirigieren sie aus immer größer werdender Distanz entweder zu den Aufgaben ins Spielfeld oder in die Ablage. Jetzt wird auch klar, warum die deutliche Markierung der Ablagestelle nötig ist. Der Hund, der sich ablegen soll, muss Planungssicherheit haben, wo er hin soll. Schickt man Hunde auf Distanz, so muss das Ziel genau definiert sein. Der zweite Hund hat seine Ziele in Form von Ball und Korb. Stehen beide Hundeführer mittig am Rand des Spielfelds und können ihre Hunde jeweils von dort dirigieren, so kann man mit Recht von Basketballprofis sprechen.

Diese Balljunkies haben sich an die Bewegung des rollenden Balls gewöhnt.

Hauptsache **Ball**

Gewöhnung ist eine Form des Lernens. Ein sensibles Wesen – wie beispielsweise Mensch oder Hund – nimmt mit allen seinen Sinnen die Reize aus der Außenwelt, aber auch die Reize aus dem Inneren des Körpers auf. Wird nun ein zunächst als bedrohlich empfundener Reiz immer wieder in weitgehend gleicher Qualität präsentiert und das Lebewesen merkt, dass sich für sein persönliches Leben keine Konsequenz daraus ergibt, so wird dieser Reiz nach und nach ausgefiltert. Diese Arbeit leistet das Gehirn, nicht das entsprechende Sinnesorgan. Das bedeutet, das Lebewesen hat etwas gelernt. Auch Hunde gewöhnen sich an viele Reize. Da sind die Rinder auf der Weide, die beim täglichen Spaziergang dem Hund nur in den ersten Tagen Stress bereiten, oder der Lärm des Staubsaugers, der den Welpen in die Flucht schlägt.

Das Lernen durch Gewöhnung können wir immer dann in die Hundeerziehung einbauen, wenn der Hund unkontrolliert auf Außenreize reagiert. Da ist zum Beispiel der Hund, der keinen rollenden Ball ertragen kann, ohne hinter ihm herzurennen. Im Gegensatz zu den Übungen bei der Impulskontrolle des Antijagdtrainings, wo das Ziel darin besteht, den Hund aus der jagdlichen Erregung abrufen und kontrollieren zu können, geht es hier darum, dem Hund beizubringen, dass es Reize gibt, die für ihn keine Bedeutung haben.

Das lässt sich dadurch erreichen, dass man diese Reize wiederholt zeigt, ohne dass sich für den Hund daraus irgendeine Konsequenz ergibt.

Schritt 1: Der Hund wird kommentarlos angebunden und der Ball in einiger Entfernung gerollt. Der Hund darf aufmerksam sein, er sollte sich aber nicht in ein höheres Erregungsniveau hochfahren. Ist das unter den gewählten Bedingungen nicht möglich, muss die Distanz erhöht oder die Geschwindigkeit herabgesetzt werden. Der Ball wird ohne den Hund zu beachten so lange weitergerollt, bis es dem Hund quasi zu langweilig wird. Der Hund lernt in diesem Schritt, dass sich der Reiz „rollender Ball" wiederholt, für ihn aber in dieser Konstellation keine Konsequenzen hat. Er gewöhnt sich! Dieser Schritt wird an verschiedenen Stellen wiederholt. Man sollte dem Gesicht des Hundes ansehen, dass er sagen würde, wenn er könnte: „Nicht schon wieder!"

Schritt 2: Der Hund soll bei der Übung aus Schritt 1 im Platz liegen bleiben.

Schritt 3: Der Ball wird vor dem nicht mehr angeleinten, im Platz liegen bleibenden Hund her gerollt. Wenn das klappt, hat sich der Balljunkie an die Bewegung des rollenden Balls gewöhnt. Wenn man dann noch mit ihm Impulskontrolle übt, wird der Teilnahme des Hundes am nächsten Fußballspiel auf der Zuschauerseite nichts mehr im Wege stehen.

TREIBBALL

In der heutigen Zeit führen viele aus ursprünglichen Arbeitslinien gezüchtete Hunde ein unfreiwilliges Rentnerdasein. Das trifft nicht nur, aber auch für Hüte- und Treibhunde zu (zum Beispiel Border Collie, Australian Shepherd, Cattle Dog, Briard und viele mehr). Es liegt auf der Hand, dass solche Hunde täglich hochgradig frustriert sind, wenn nicht angemessener Ausgleich gefunden wird.

Jan Nijboer erschuf gerade aus dieser Überlegung heraus die Hundesportart Treibball.

Große Gymnastikbälle dienen als Schaf-Ersatz und sollen – ähnlich wie beim echten Herdentreiben – auf Anweisung des Menschen gezielt in ein Tor (Gatter) getrieben werden. Dabei ist das Lernen des adäquaten Treibens nur ein kleiner erster Schritt, denn ähnlich wie beim echten Schaf darf der empfindliche Gummiball nicht mit den Hundezähnen in Kontakt kommen, sonst geht beiden die Luft aus.

Hunde, die in dieser Hinsicht ein etwas lockeres Maul haben, sollten aus Gründen der Kostenersparnis zunächst mit den hartschaligen Ferkelbällen beginnen, bevor sie auf die empfindlichen Gymnastikbälle losgelassen werden.

Beim Treibball soll der Hund den Ball mit der Nase/Schnauze vorantreiben. Um ihm dies plausibel zu machen, haben sich im Training zwei Wege bewährt.

Beim Treibball dienen große Gymnastikbälle als Schaf-Ersatz.

ALTERNATIVE 1

Material:
Handelsüblicher Futterball (wobei es günstig ist, wenn man die Größe des ausstreuenden Lochs verstellen kann). Achtung! Hartschalige Futterbälle sind auf Laminat sehr laut. Hier empfehlen sich Gummibälle. Man muss aber aufpassen, dass der Hund nicht versucht, über den Einsatz der Zähne an den Inhalt des Balls zu kommen. Notfalls geht man mit dem Hartschalenball in den Garten.

Vorkenntnisse:
keine

Lernziel:
Der Hund soll lernen, dass das Rollen und Schieben des Balls mit Futtergaben belohnt wird.

Der Hund muss zunächst lernen, einen Ball mit der Nase voranzutreiben.

Schritt 1

Man legt dem Hund den Futterball auf den Boden und stellt die Lochgröße zunächst so ein, dass der Hund schnell erfolgreich ist. Jeder futtermotivierte Hund wird sehr schnell herausfinden, dass man durch geschicktes Manipulieren dieses Balls an das ersehnte Futter kommt. Hat der Hund den Zusammenhang zwischen seiner Schiebetechnik und der Futtergabe verstanden, kann man den Futterauswurf drosseln. Außer über die Lochgröße des Futterballs kann man die Menge der Belohnung auch gut über die Größe der eingefüllten Futterpellets regeln. Größere Stückchen blockieren dann schon mal kurzfristig den Ausgang und führen zu einem verminderten Auswurf der kleineren Futterbro-

cken. In jedem Fall lernt bereits ein Welpe, dass Ball-Rollen lukrativ ist. Und genau das ist die beste Voraussetzung für einen erfolgreichen Treibball-Einstieg.

Hat der Hund den Trick also raus, so unterlege ich seine Rolltätigkeit mit dem Signalwort „Treib" oder „Schieb". Bei ausreichender Übung kann das Signalwort zum Auslöser für das Hundeverhalten werden und wir haben die Gewähr, dass der Hund uns versteht.

Schritt 2

Nun ist es an der Zeit, die Rolltätigkeit auch auf andere Bälle zu übertragen. Mit dem gewählten Signalwort animiert man den Hund, einen normalen Ball ebenso mit der Nase zu schieben. Die Größe der Bälle sollte langsam gesteigert werden.

Hat man allerdings einen freudigen Apportierhund, der den gebotenen Ball lieber trägt als schiebt, dann müssen bereits zu Beginn so große Bälle gewählt werden, dass ihm dieser Versuch vereitelt wird, oder es muss auf die Hartschalenbälle zurückgegriffen werden. Verliert der Hund die Lust am Treiben, weil die Futterbelohnung ausbleibt, so bietet sich für einige Zeit die zweite Alternative an.

ALTERNATIVE 2

Material:
- *ein Ball*
- *ein Gummiring, auf den man den Ball aufsetzen kann*
- *Leckerlis*

Vorkenntnisse:
keine

Lernziel:
wie oben

Der Ball, der jetzt auch schon deutlich größer sein kann als ein Fußball, wird vor den Augen des Hundes auf einen Gummiring gesetzt. Der so zunächst einmal stabilisierte Ball bekommt ein duftendes Leckerli untergelegt. Da der Ball den Zugriff auf das Leckerli verwehrt, muss der Hund ihn anstupsen, um an den Leckerbissen zu gelangen. Der erste Schritt zum Treiben ist getan. Wenn man das einige Male so wiederholt hat, legt man die Leckerlis nur noch hinter den Ball, ohne den Ring zu verwenden. Die Anzahl an Leckerlis sollte möglichst bald reduziert werden und der Hund allein durch die Tätigkeit des Treibens motiviert genug sein.

Ähnlich wie beim echten Schaf lässt sich der gerollte Ball nicht immer einfach und geradlinig in eine vorgegebene Richtung treiben. Abgesehen von einigen Naturtalenten, benötigt es einige Übung beim Hund, um durch gezieltes rechts und links Antreiben im Wechsel auf einer gedachten Geraden voranzukommen. In der Regel ist der Ball jetzt auch schon so groß, dass der Hund nicht darüberschauen kann.

Meine Briardhündin Enaya ist eine temperamentvolle Linkstreiberin, die diesen Wechsel nicht verstanden hat. Bekommt sie einen Ball, so treibt sie begeistert in großen Kreisen von mir weg, kommt schließlich völlig erschöpft zu mir zurück und hat das Hüteziel (heim ins Tor) eindeutig nicht erreicht. Hat man einen solchen Hund, so muss man an der Verfeinerung der Treibtechnik arbeiten.

ÜBUNG ZUR TREIBTECHNIK

Material:
- *ein großer Ball*
- *Abtrennungsmöglichkeiten*

Vorkenntnisse:
Der Hund sollte lustvoll treiben können.

Lernziel:
Verfeinerung der Treibtechnik

Schritt 1

Je nach vorhandenem Material zur Abtrennung baut man sich ein mehr oder weniger langes Gangsystem mit rechtwinkligen Abbiegungen. Wenn möglich, können dazu auch Hauswände, Mauern oder Ähnliches mit einbezogen werden. Die Breite des Gangsystems muss so gewählt werden, dass der Ball gut durchgeschoben werden kann, der Hund aber nicht noch neben den Ball passt.

Der Ball wird in das Gangsystem gelegt, der Hund steht dahinter und der Mensch im Gangsystem auf der anderen Seite des Balls. Der Mensch muss nun seinen Hund motivieren, den Ball vorwärtszutreiben, was durch die beidseitigen Begrenzungen nur gut gelingt, wenn er mal rechts und mal links schiebt. Bei den Abbiegungen kann der Hund gezielte Erfahrung sammeln, wie man um Ecken kommt. Der Mensch geht während der ganzen Zeit rückwärts durch den Parcours.

Schritt 2

Sind die Grundtechniken einmal erlernt, geht es in die kontrollierte Distanzarbeit. Der Mensch steht im Tor und schickt seinen vierpfotigen Helfer zur Ball-Schafherde (in der Regel acht Bälle). Abhängig vom Ausbildungsstand des Hundes kann die Aufgabe sein, gezielt Bälle aus der Mitte, von rechts oder links ins Tor zu treiben. Je nach Vorgabe des Menschen kann der Hund auch den Auftrag bekommen, den erstbesten Ball zu wählen.

Für diese komplexe Distanzarbeit benötigt man die Grundübungen „Voran", „Rechts" und „Links" (siehe entsprechende Kapitel). Darüber hinaus muss der Hund gelernt haben, dass die Ball-Schafe nicht willkürlich angetrieben werden dürfen, sondern das Kommando des Menschen zählt.

Bei Teamball arbeiten Hund und Mensch zusammen.

Neben Teamfähigkeit mit dem Menschen, werden vom Hund Konzentration und Geschicklichkeit gefordert.

Wer je versucht hat, einen hungrigen Hund an einer Reihe von sieben Würstchen aus der Entfernung entlangzudirigieren, um ihn dann erst ins Platz zu schicken und ihm anschließend zu erlauben, ein Würstchen zu fressen, der weiß, was so ein gut ausgebildeter Treibball-Hund können muss. Zum Treibball gehören neben dem Spaß am Balltreiben sehr viel Distanzkontrolle, Disziplin und Anerkennung der Besitzansprüche des Menschen bezüglich der Bälle (Schafe). Dieses Training ist so komplex, dass spezialisierte Treibball-Trainer ausgebildet werden.

Teamball

Teamball ist die Schwester von Treibball. Mit den beiden Hundesportarten ist es ähnlich wie mit zwei Geschwistern, die Eltern, Heim und Herkunft teilen und doch sehr unterschiedlich sind.

Teamball wurde von meinem Mann Klaus Loth entwickelt und hat mit Treibball gemeinsam, dass die Grundtechnik des Ballschiebens erlernt werden muss. Während der Treibball-Hund aber sein Können auf Distanz ausführen soll und dabei durchaus erhebliche physische Kräfte mobilisieren muss, arbeitet der Teamball-Hund

TEAMBALL MARKE DO IT YOURSELF

Man nehme ein herkömmliches Hundekörbchen, setze den Teamball auf einen Ring zur Stabilisierung davor und animiere seinen Hund, diesen Ball nun in das Hundekörbchen zu manövrieren.

- Mit Brettern lässt sich relativ einfach ein Labyrinth in Ballbreite bauen. Und schon kann es losgehen. Hund und Mensch gehen nebeneinanderher, der Hund im Labyrinth, der Mensch daneben. Die eigentliche Arbeit muss der Hund tun, aber der Teampartner hilft, wenn es mal hakt.

- Mit Stühlen lässt sich auch wunderbar ein Durchgang zaubern, durch den der Hund den Ball schieben muss.

- Eine kleine Treppe kann eine echte Herausforderung sein, wenn der große Ball dort hinaufgeschoben werden soll. Geschoben wird natürlich von unten nach oben, Stufe für Stufe.

- Legt man zwei Holzpfosten wie Schienen an einen kleinen Abhang, kann man seinen Hund animieren, den Ball dazwischen den Abhang hinaufzuschieben. Am Ende der Pfosten muss der Mensch helfen und den Ball in Empfang nehmen oder man macht sich einen gemeinsamen Spaß daraus, den Ball wieder hinunterrollen zu lassen. Dann kann das Spiel noch einmal von vorn beginnen.

- Eine lange Leiter flach auf den Boden gelegt wirkt auch wie ein Schienensystem. Das funktioniert besonders gut, wenn die Seitenholme tiefer sind als die Trittflächen. Der Hund muss dann nicht nur den Ball darüber balancieren, sondern auch noch seine Pfoten bewusst platzieren. Das ist schon etwas für Profis.

- Wenn Plastikeimer im Angebot sind, schlage ich immer gerne zu. Sie lassen sich so vielseitig verwenden. Für Teamball sollte man sie mit ein paar Steinen beschweren. Stellt man sie dann kunterbunt verteilt auf der Wiese ab, kann man mit seinem Hund versuchen, den Ball geschickt zwischen den Eimern hindurchzuschieben.

- Das Überwinden eines kleinen flachen Wasserbeckens hat seinen ganz eigenen Reiz, denn plötzlich schwimmt der Ball!

immer eng neben seinem menschlichen Partner. Die Arbeit ist ruhig und konzentriert und kann auch von alten Hunden gut geleistet werden.

Bei Teamball geht es nicht darum, Bälle in ein Tor zu treiben, sondern der Weg ist das Ziel. Ob Welpe, Powerhund oder Oldie, jeder Hund kann mit seinem Menschen zusammen Teamball „spielen". Dazu wurden nach dem Vorbild von Agility-Hindernissen balltaugliche Geräte entwickelt, die überwunden werden sollen. Es geht dabei um Geschicklichkeit, Teamfähigkeit mit dem Menschen und Konzentration.

Der geschobene Teamball hat einen Durchmesser von 45 Zentimetern und ist damit kleiner als die meisten Treibbälle. Wer nicht die Möglichkeit hat, Teamball auf entsprechenden Geräten üben zu können, muss deswegen nicht auf diese schöne Partnerarbeit verzichten. Mit einfachen Mitteln und ein wenig Kreativität lässt sich leicht ein kleiner Parcours daheim oder im Verein erstellen.

Ob professioneller oder selbst kreierter Parcours, Teamball läuft immer auf Teamarbeit mit dem Partner Mensch hinaus, der seinem Hund durchaus auch helfen darf, wenn es mit dem „Einfädeln" des Balls in ein Gerät mal nicht so klappt (zum Beispiel bei der Wippe oder dem Steg).

Wenn man erst einmal anfängt, dann lässt einen Teamball nicht mehr los und man findet ständig neue Ideen, was man im Alltag mit seinem Hund anstellen kann. Viel Spaß!

Wasserball

Für wasserbegeisterte Hunde bietet sich die nasse Variante des Teamballs ebenso an wie für ballbegeisterte Hunde, die erst noch Spaß am Wasser bekommen sollen.

Voraussetzung ist natürlich, dass man ein stehendes Gewässer zur Verfügung hat, in das Hunde auch hineindürfen. Das ist in der heutigen Zeit mit den vielen Verbotsschildern durchaus ein Problem. Ist man aber fündig geworden, so bekommt man im Handel schwimmende große Treibbälle und auch schwimmende Tore.

Auch hier sollte es nicht das Ziel sein, ein Wettkampfgefühl aufkommen zu lassen. Es geht um ruhiges Vorwärtsschieben im Wasser mit dem Tor als Ziel vor Augen. Vielleicht geht der Teampartner Mensch ja mit ins Wasser und man schiebt gemeinsam auf

Für wasserbegeisterte Hunde ist die nasse Variante des Teamballs eine tolle Alternative.

ein Ziel zu. Vielleicht versucht man es aber auch mit Distanzkontrolle und Führung von außen, dann wäre es toll, man brächte dem Hund die Signale „Rechts", „Links" und „Voran" bei (siehe entsprechende Kapitel). Gemeinsames Tun und gemeinsame Freude heißt das Motto.

Hundefußball

Hundefußball ist ein Mannschaftsspiel mit dem Ziel, den Ball in das gegnerische Tor zu bekommen. Darin unterscheidet sich die hündische Variante nicht vom zweibeinigen Fußball. Ansonsten scheint das Regelwerk beim Hundefußball noch eher regional zu sein. Mitunter wird Hundefußball als Attraktion für Veranstaltungen oder aber in Zirkusvorstellungen angeboten.

Wer jemals einen Ball auf eine Hundewiese geworfen hat und es sogleich bereuen musste, weil der größte Streit um diese eine Beute unter eben noch verträglichen Hunden ausbrach, der weiß zu schätzen, was ein Trainer einer solchen Hundefußballmannschaft geleistet hat. Es ist eine echte Herausforderung, zwei mal vier Border Collies (als gegnerische Mannschaften) auszubilden, immer das Ziel vor Augen: Der Ball soll ohne hündische Fouls ins gegnerische Tor bugsiert werden.

Hundefußball sollte eine Showattraktion bleiben, gehört aber in jedem Fall in die Hand gewissenhafter und erfahrener Ausbilder. Sonst ist unter Umständen der Spaßfaktor, den der Zuschauer hat, wesentlich größer als der Sinn für den Hund.

WEM GEHÖRT DER BALL?

Franzy ist mit der kleinen Nscho-Tschi eigentlich immer wieder viel zu lieb. Sie ist eine Hündin mit außerordentlicher Nervenstärke und Gelassenheit. Das ändert sich schlagartig, wenn die Kleine an ihren Ball will. Es sind die einzigen Male, wo sie richtig Ärger mit der älteren Hündin bekam. Man sollte um solche rassespezifischen und auch individuellen Veranlagungen wissen, wenn man ein (Ball-)Training mit mehreren Hunden plant. Der hündische Mitspieler kann beim Mannschaftsspiel schnell zum unliebsamen Konkurrenten werden. Der Stressfaktor ist dann für die Hunde unter Umständen sehr hoch.

Der Ball ist für den Hund eine bewegte Beute mit hohem Erregungspotenzial und je nach Vorerfahrung auch Spaßfaktor. Je nachdem, wie territorial ein Hund ist, wird er diese Beute – einmal in seinem Besitz – durchaus ernsthaft gegen andere Hunde verteidigen. Besitzanspruch auf Beute ist rassespezifisch und auch individuell sehr unterschiedlich. Meine Briards zum Beispiel sind extrem beuteorientiert. Die schwarze Enaya würde auf dem Hundegelände sogar meine Handtasche als ihre bezeichnen, bewachen und verteidigen, wenn ich ihr nicht jedes Mal ausdrücklich sagte, dass es sich bei diesem oder jenem Teil um mein höchstpersönliches Eigentum handelt.

Den Luftakrobaten unter den Hunden kann Volleyball Spaß machen.

Volleyball für Hundeprofis

Manche Hunde sind regelrechte Luftakrobaten und andere sind eher geerdet. Hat man solch einen Luftikus, der keine Gelegenheit verpasst, um zu hüpfen und zu springen, dann kann man über das Luftballon-Stupsen nachdenken und daraus eine Art Volleyball machen.

Hunde, die sehr geräuschempfindlich sind und beim Knallen panisch reagieren könnten, sollten diesen Sport lieber mit ganz leichten Bällen üben. Vorsichtshalber sollte man aber in jedem Fall die Reaktion des Hundes auf den möglichen Knall eines Luftballons vorher testen und in der Wohnung in einiger Entfernung gezielt einen Luftballon zum Platzen bringen. Reagiert der Hund ängstlich oder verschreckt, dann bitte keinesfalls trösten, sondern ihn fröhlich loben, dass er das so toll ausgehalten hat. In diesem Fall sollte man dann die weichen Bälle statt der Luftballons wählen.

> *Material:*
> *Luftballons, alternativ weiche Bälle,*
> *ein Volleyballnetz, alternativ*
> *Haushaltsgegenstände, die*
> *ein Hindernis bilden können*

ACHTUNG

Das Springen geht auch bei Hunden sehr auf die Gelenke. Also bitte diesen Sport mit sehr viel Augenmaß für die Gesundheit des anvertrauten Hundes betreiben und eventuell einen Tierarzt fragen!

Vorkenntnisse:
Der Hund sollte das Stupsen auf Kommando und auf Distanz beherrschen.

Lernziel:
Der Hund soll einen Luftballon über ein definiertes Hindernis stupsen. Das Hindernis kann ein aufgespanntes Netz wie beim Volleyball sein. Man kann aber auch einfach einige Stühle in einer Reihe nebeneinanderstellen oder, je nach räumlichen Bedingungen, sich andere Hindernisse ausdenken.

Schritt 1

Man beginnt am besten zunächst in der Wohnung, damit der Ballon nicht schon durch den Wind in unkontrollierbare Bewegungen gebracht wird. Der Luftballon muss so groß aufgeblasen werden, dass der Hund nicht in Versuchung gerät, in ihn hineinzubeißen.

Man stellt sich frontal vor seinen Hund, wirft mit dem Kommando „Stups" den Ballon auf ihn zu und lobt ihn, falls er den Ballon gestupst hat. Hat er den Ballon anfangs noch nicht erwischt, wiederholen wir die Übung kommentarlos, bis der Hund schnell genug ist, den Ballon zu kontaktieren. Am Anfang sollte man den Abstand zur Hundenase möglichst gering wählen.

Fällt der Ballon anfangs zu Boden, weil der Hund ihn mit der Nase nicht erwischt hat, sollte der Mensch ihn ruhig wieder aufnehmen und nicht dem Hund überlassen. Von der Erde aus ist die Gefahr deutlich höher, dass der Hund versucht, den Ball mit den Zähnen zu stoppen.

Geht der Hund hinlänglich zartfühlend mit dem Luftballon um und schafft er es, ihn schon zu seinem Menschen zurückzustupsen, so kann man zum nächsten Schritt übergehen.

Schritt 2

Da das Spiel nun langsam mehr Platz beansprucht und auch sicherlich etwas ausgeasener wird, sollte man jetzt hinaus auf die Wiese gehen. Der Hund steht immer noch frontal zum Besitzer. Langsam wird der Abstand zwischen beiden gesteigert. Stupst der Hund auch bei größerer Entfernung immer noch vorsichtig den Ballon, ohne ihn zu beschädigen, kann man selber dazu übergehen, den Ballon wie beim Volleyball zurückzukicken. Aus der Einzelarbeit des Hundes ist ein echter Teamspaß geworden: Mal stupst der Hund den Ballon mit seiner Nase, mal stupst der Mensch mit seinen Händen.

Schritt 3

Um das Volleyballspiel mit dem Hund perfekt zu machen, wird jetzt noch das Netz oder Hindernis hinzugenommen.

Der Ball

im Antijagdtraining und zur Impulskontrolle

Unsere Welt ist eng geworden. Wo Menschen und Tiere zusammenrücken müssen, muss die Freiheit des einen dort aufhören, wo die Freiheit des anderen beginnt. Es ist unabdingbar, dass Hunde nicht jedem bewegten Objekt hinterherlaufen und der Rückruf des Hundes auch bei Wild funktioniert.

Der Ball rollt, springt, hüpft, flieht vor dem erstaunt hinterherschauenden Welpen. Was liegt näher, als dieses ewig weglaufende Gummitier zu fangen und zu erlegen? Jedes Wolfselternpaar würde den Ball sicher zum Jagdtraining ihrer heranwachsenden Nachkommen einsetzen.

Doch Wolfseltern und menschliche Hundeeltern haben sehr verschiedene Erziehungsziele. Die einen wollen ihre Kinder für die Jagd fit machen und wir Menschen sollten eigentlich das genaue Gegenteil zum Ziel haben. Jagt ein Hund hinter dem Ball her, so tut er das durchaus mit der gleichen Hormonausschüttung wie bei der Jagd auf Wild. Beides entspricht einem selbst belohnenden System. Ein Enderfolg – das Fangen der Beute – ist also gar nicht nötig.

Verkehrte Welt also: Die Wolfseltern sollten den Ball benutzen und wir Menschen möglichst nicht – zumindest, wenn wir ihn nur unkontrolliert jagdlich einsetzen.

Andererseits kann man argumentieren, dass eine erfolgreiche Balljagd immer der Verfolgung eines Wildtieres vorzuziehen ist. Doch wäre es nicht schön, wenn man den Hund sowohl vom fliegenden Ball als auch vom fliehenden Wild abrufen könnte? So verstanden und eingesetzt, ist der Ball ein wertvolles Instrument zur Impulskontrolle.

Aufbau der Impulskontrolle beim Junghund

Ein Welpe hüpft hinter jedem sich bewegenden Objekt her. Ein Schmetterling, ein flatterndes Blatt oder ein Spielzeug, alles weckt seine

Hunde müssen lernen, bei Reizen gelassen zu bleiben und nicht jedem Impuls zu folgen.

Neugier und sein Interesse. Der heranwachsende Hund muss lernen, dass er nicht mehr jedem Impuls spontan nachkommen kann und darf.

Material:
- ein Brustgeschirr
- eine etwa 5 Meter lange Schleppleine
- ein Ball
- ein Futterbeutel

Vorkenntnisse:
Der Hund sollte schon ruhig neben seinem Hundeführer sitzen können und den Futterbeutel zu seinem Hundeführer bringen.

Lernziel:
Der heranwachsende Hund soll lernen, sitzen zu bleiben, wenn die Jagd nicht angesagt ist, und zu stoppen, wenn sein Mensch ihn ruft.

Schritt 1

Der angeleinte Hund sitzt ruhig neben seinem Hundeführer. Ein Ball wird ganz langsam vom Hund weggerollt. Das Hinterherlaufen wird, falls notwendig, über die Leine verhindert.

Mit ganz leichter Zeitverzögerung wird der Futterbeutel in die entgegengesetzte Richtung geworfen. Hundeführer und Hund laufen sofort gemeinsam zu dem Futterbeutel und identifizieren ihn als lohnenswerte Beute. Der Hund wird aus dem Futterbeutel gefüttert.

Schritt 2

Tempo und Distanz des rollenden Balls werden sukzessive erhöht. Der Hund lernt, dass der sich bewegende Ball ihm so keinen Erfolg bringt, wohl aber der anschließend fliegende Futterbeutel.

Schritt 3

Der Ball wird geworfen. Bleibt der Hund trotzdem ruhig sitzen, so wird der Futterbeutel in die andere Richtung geworfen und bringt ihm wieder den gemeinsamen Erfolg mit seinem Menschen, der den Beutel nach erfolgtem Apport für den Hund öffnet und den Hund füttert. Möchte der Hund hier schon den Ball jagen, so sollte man noch mal zur Absicherung einen Schritt zurückgehen.

Schritt 4

Der Ball wird geworfen und der Besitzer schickt seinen Hund und läuft mit. Am Ball angekommen, folgt ein gemeinsames Spiel.

Schritt 5

Der Hund wird über ein Geschirr an der 5-Meter-Leine abgesichert. Der Ball wird nur wenige Meter weit geworfen und der Hund darf hinter dem Ball herlaufen. Auf diese kurze Distanz wird der junge Hund nicht so schnell, dass ein Abstoppen über die Leine Probleme bereitet. Auf halber Strecke wird ein Stopp-Signal gegeben und ein Weiterlaufen über die Leine verhindert. Dann wird der Hund mit Namen angesprochen. Schaut er sich zu seinem Besitzer um, fliegt der Futterbeutel in die entgegengesetzte Richtung und der Hund darf ihn apportieren. Eine reichliche Belohnung aus dem Futterbeutel macht dem jungen Hund eindrucksvoll klar, dass es sich für ihn lohnt, wenn er den Anweisungen seines Menschen folgt.

Schritt 6

Die Übung klappt überall zuverlässig. Der Hundeführer kann die Leine weglassen.

Impulskontrolle für Profis

Wenn der Hund schon durch das Training eine Idee davon hat, dass sein Mensch bestimmt, welche Richtung das gemeinsame Tun nimmt, dann kann man die Anforderungen langsam steigern.

Material:
- *ein Geschirr*
- *eine Leine*
- *eine Anbindemöglichkeit*
- *Bälle verschiedener Größe*
- *eine Hilfsperson*

Vorkenntnisse:
Der Hund muss schon eine gewisse Zeit abliegen können.

Lernziel:
Der Hund soll lernen, gelassen liegen zu bleiben, während sich Ablenkungen unterschiedlicher Reizqualität an ihm vorbeibewegen.

Schritt 1

Der Hund wird mittels Brustgeschirr und Leine an der Anbindevorrichtung befestigt. Anfangs empfiehlt es sich, dass der Hundeführer neben seinem Hund steht und eine Hilfsperson den Ball rollt. Der Ball soll zunächst möglichst groß sein (zum Beispiel ein Gymnastikball) und langsam in größerer Distanz (etwa 5 Meter) gerollt werden. Sollte der Hund das noch nicht schaffen, so muss die Distanz noch weiter vergrößert werden. Liegt der Hund sehr entspannt, so kann man sich auf einen Abstand nähern, wo er deutliches, leicht angespanntes Interesse zeigt. Der Hund verfolgt dann aufmerksam die Bewegung des Balls, bleibt aber liegen. Der Hundeführer lobt ihn dafür.

Steht der Hund doch auf, so wird er emotionslos vom Hundeführer korrigiert und das Training beginnt von Neuem. Je nach Hundetyp muss man diesen Schritt häufiger wiederholen oder kann sogleich zu Schritt 2 übergehen.

Schritt 2

Der Hundeführer entfernt sich sukzessive während die Hilfsperson wie bei Schritt 1 verfährt. Wenn der Hund bei dieser Übung aufsteht, sollte der Hundeführer das Platz aus der Entfernung einfordern. Geht er jedes Mal zu seinem Hund zurück, wenn er aufsteht, könnte sich bei dem Hund ein unerwünschter „Aha-Effekt" einstellen: Ich muss nur aufstehen, um meinen (ungehorsamen) Menschen wieder an meine Seite zu beordern. Solche Lernverknüpfungen entstehen sehr viel schneller, als uns lieb ist, und sind später nur mühsam wieder aus dem Hundekopf zu löschen.

IMPULSKONTROLLE BEI ZWEI HUNDEN

Meine Franzy ist ein zuverlässiger Hund, der sich auch bei aller Begeisterung für Bälle eigentlich immer abrufen lässt. Nscho-Tschi sollte von Anfang an lernen, dass es ihr mehr Erfolg bringt, wenn sie auf meinen Abruf hört, als wenn sie hinter Franzy oder später auch anderen Hunden herrennt.

Natürlich war es für den jungen Hund ein starker Impuls, wenn die fünfjährige Hündin wie der Blitz hinter einem geworfenen Ball herrannte. Ich sicherte die Kleine über eine Schleppleine am Brustgeschirr ab und bremste sie von Anfang an sanft aus, wenn Franzy startete. Sobald sie in meine Richtung sah, rief ich Nscho-Tschi bei ihrem Namen und warf nur wenige Meter weit in die andere Richtung den Futterbeutel. Mit viel Spaß liefen wir dann gemeinsam hin und sie durfte aus dem Beutel fressen. Nscho-Tschi lernte sehr schnell, dass es erfolgreich war, auf mich zu achten, wenn Franzy losrannte. Später habe ich dann auch mal statt des Futterbeutels ihren eigenen Ball genommen.

Wichtig: Ich habe Nscho-Tschi nicht bei ihrem Namen gerufen, wenn sie in der gespannten Leine stand und von mir weg der älteren Hündin nachschaute. Manchmal hilft es, in die Hände zu klatschen oder einen ungewohnten Laut von sich zu geben. Guckt die Kleine sich erstaunt um, so rufe ich ihren Namen und mache einladende Bewegungen. Sie kommt immer! Dann haben wir gemeinsam Spaß, rennen zu ihrem Futterbeutel oder auch ihrem eigenen Ball.

Für Franzy hatte diese Übung einen positiven Nebeneffekt: Sie hat sehr schnell durchschaut, dass das Hundekind für sie kein Konkurrent beim Ballspiel ist. Für einen durchaus territorialen Briard eine wichtige Sicherheit.

Es hat gar nicht lange gedauert und ich konnte auch beide Bälle oder Ball und Futterbeutel auf den Weg nebeneinanderlegen. Unser Spruch heißt dann immer: Die warten auf uns! Die Hunde müssen eine beliebig lange Strecke mit mir gehen, sich dann brav absetzen und dürfen erst zum Apport starten, wenn ich die Auflösung und das Signal gebe. Wenn sie sich schon so lange voller Erwartung mit mir von ihrer Beute wegbewegen mussten und ich schließlich das Auflösungszeichen gebe, rennen beide los. Jeder bringt auch nur sein Apportel. Es hat bisher noch nie Streit dabei gegeben.

Unser nächstes Ziel ist es, die Hunde nacheinander zu schicken. Nun werde ich die Kleine wieder über Brustgeschirr und Leine absichern, Franzy zuerst schicken und Nscho-Tschi anschließend, wenn Franzy wieder bei mir ist. Es gibt immer wieder etwas zu tun.

Nasenarbeit
XXL

Viele Hunde wurden gezielt zur Arbeit mit der Nase gezüchtet. Heute dürfen nur noch wenige diesen Job ausüben. Es lohnt sich, Nasenarbeit in den normalen Alltag einzubauen, nicht nur um der Auslastung willen.

Dem Menschen fehlt die Vorstellungskraft, sich von der Riechwelt des Hundes ein Bild zu machen. Viele Buchautoren versuchen deshalb, die Gerüche für den Menschen optisch umzusetzen. Da wird die Spur zur heißen Hündin mit tiefroten Flecken symbolisiert und vielleicht die Geruchsspur des Erzfeindes in Schwarz dargestellt. Wie auch immer wir versuchen, uns ein Bild von der Nasenleistung und Vorstellung des Hundes zu machen, es bleibt unvollkommen.

Hunde riechen und verfolgen beim Mantrailing den Individualgeruch eines Menschen über viele Kilometer. Sie filtern aus dem gesamten Geruchscocktail, der sich ihnen beispielsweise in einer Stadt bietet, den einen geforderten Geruch heraus und verfolgen ihn konsequent.

Diabetikerwarnhunde riechen stoffwechselphysiologische Veränderungen ihres Menschen bei einer Unter- oder Überzuckerung. So sind sie in der Lage, ihre Menschen frühzeitig zu warnen. Sie tun diesen Job täglich 24 Stunden.

Hunde, die Zielobjektsuche machen (ZOS), suchen winzige Gegenstände, wie Büroklammern, in einem Trümmerfeld oder auf einer Freifläche.

Hunde arbeiten gern und tun praktisch alles, um uns zu gefallen. Wir sollten also überlegen, was wir tun, um diesen wunderbaren Nasen-Workaholics gerecht zu werden.

Zu der hervorragenden angeborenen Nasenleistung muss ein solides Training erfolgen. Talent allein reicht hier ebenso wenig wie beim menschlichen Leistungssport.

WAS IST OBEDIENCE?

Obedience ist eine ursprünglich aus England kommende Sportart, die übersetzt eigentlich nichts anderes heißt als „Gehorsam". Ich übersetze es immer gerne mit „Hohe Schule der Unterordnung". Anders als im deutschen Hundesport wird hier kein Schema gelaufen. Die Teams trainieren die einzelnen Elemente, wie das enge Bei-Fuß-Gehen, Winkel, Kehrtwendungen, Sitz, Platz und Steh, Vorausschicken und Bleib-Übung. Diese werden dann in der Prüfung vom Richter kombiniert und müssen nach dessen Anweisung vorgeführt werden. Zusätzlich gibt es noch Aufgaben zur Distanzkontrolle und zur Geruchsunterscheidung. Dabei muss der Hund ein Hölzchen mit dem Individualgeruch des Hundeführers aus neutralen, äußerlich aber identischen Hölzchen herausfinden. Die Apportieraufgaben werden mit speziellen Apporteln durchgeführt, die aus Plastik oder auch Metall sind. Obedience ist eine anspruchsvolle und sehr harmonische Sportart, die, unabhängig davon, ob man es wettkampfmäßig oder zur Auslastung seines Hundes betreibt, aus zwei Individuen ein tolles Team machen kann.

Komplexe Nasenarbeit ist jedenfalls eine Hochleistungsauslastung für den Hund, die ihn körperlich und geistig beansprucht. Etwa zehn Minuten konzentrierte Nasenarbeit lassen die Körpertemperatur um fast ein Grad ansteigen. Eine Stunde Joggen mit dem Hund erreicht das nicht. Das ist auch der Grund, warum die Zollhunde immer nur sehr begrenzte Zeit arbeiten und dann von einem Hundekollegen abgelöst werden. Nase, Kopf und Körper müssen sich erholen.

Sucht man einmal alle Bälle zusammen, die sich so im Laufe der Zeit in einem Hundehaushalt ansammeln, dann ist man sicher zunächst erstaunt. Auf den zweiten Blick lassen sich daraus aber interessante Nasenaufgaben für den Hund kreieren.

Ähnlich wie bei der Hölzchen-Identifikation im Obedience, wo der Hund normierte Hölzer auf den Individualgeruch des Menschen untersuchen und identifizieren soll, lässt sich das auch mit Bällen gestalten. Von all den Bällen, die sich so angesammelt haben, suche ich einen Lieblingsball heraus, spiele mit dem Hund damit und trage ihn für einige Zeit am Körper. Da ich für den Hund später das Signalwort „Such

DER CLICKER

Der Clicker ist ein kleines Kästchen, das einen typischen Knackton, also ein kurzes akustisches Signal, von sich gibt, wenn es der Mensch betätigt. Der Hund wird auf diesen Knackton konditioniert, sodass er weiß: „Das habe ich jetzt gerade richtig gemacht. Dafür bekomme ich eine Belohnung." Der Clicker hat im Hundetraining folgende Vorteile:

- Er ist sehr schnell und punktgenau zu betätigen, sodass das Timing besser stimmt.
- Er ist unabhängig von der menschlichen Stimme, das heißt, er klingt auch bei unterschiedlicher Stimmung immer gleich.
- Das Futter als Bestätigung kann anschließend in Ruhe aus der Tasche genommen werden.
- Der Hund schaut nicht schon während der Übung nach der Futterhand.

- Eine Bestätigung auf Distanz ist möglich.
- Der Clicker bewirkt bei Hunden, die ihn kennen, ein Einschalten auf die Arbeit.
- Mit Clicker kann auch von Fremdpersonen (Trainer) bestätigt werden, wenn es um schwierige Übungen geht.

Der Clicker kann auch durch ein Markerwort ersetzt werden, wenn man mit dem Handling nicht so gut zurechtkommt; allerdings erfüllt ein Markerwort nicht alle Vorteile des Clickers.

Der Clicker ist vor allem in der Lernphase ein tolles Instrument, das später nicht ständig benutzt werden muss. Bei fortgeschrittenen Hunden kann der Clicker auch die Bedeutung bekommen: Richtig, mach weiter so! Der Hund bekommt dann erst später eine Bestätigung in Form von Futter.

meins" einführen möchte, nenne ich diesen besonderen Ball nun Meins-Ball. Die übrigen Bälle werden in einer Plastiktüte aufbewahrt und nur noch mit Gummihandschuhen angefasst. Man kann auch mit der Hand in einen Plastikbeutel schlüpfen. Die so aufbewahrten Bälle werden in Zukunft als neutrale Bälle bezeichnet.

Such und bring den Meins-Ball

Material:
- *eine bunte Mischung an Bällen*
- *eine Plastiktüte*
- *ein Gummihandschuh*
- *eventuell ein Clicker*
- *attraktive Leckerlis*
- *eine Leine*

Vorkenntnisse:
Der Hund sollte einen Ball apportieren können.

Lernziel:
Der Hund soll lernen, den Ball mit dem Individualgeruch des Hundeführers aus unterschiedlichen Gegenständen herauszusuchen und dem Hundeführer zu bringen.

Schritt 1
Bevor man mit der eigentlichen Trainingsarbeit anfängt, sollte man mit seinem Hund mit dem Meins-Ball noch einmal ordentlich spielen und Spaß haben. Dann legt man zunächst nur drei Bälle aus: zwei neutrale und den Meins-Ball. Der Hund wird ohne Kommando an den drei Bällen vorbeigeführt. Da der Hund zu diesem Zeitpunkt noch keine Idee davon haben kann, was sein Mensch im Sinn hat, muss man ihm natürlich helfen. Am ersten neutralen Ball geht man vorbei und kommentiert ihn vielleicht mit einem ruhigen „Pech". Der Hund soll ruhig an dem Ball schnüffeln, denn er muss ja den Unterschied lernen. Man darf ihn also nicht vom Ball fernhalten. Der zweite Ball soll vielleicht schon der richtige sein. Nun wird geklickt, sobald der Hund mit der Nase am Ball ist, gelobt und mit einem wunderschönen Leckerli „Party" gefeiert. Vielleicht fügt man auch noch ein kleines Spiel mit dem Ball an. Wichtig ist, dass der Hund diese für ihn tollen Ereignisse auch mit diesem Ball verknüpft und nicht vielleicht schon längst beim dritten Ball gelandet ist. Man sollte daher am Anfang die Bälle weit genug auseinanderlegen. Der Clicker kann dabei helfen, hier vom Timing her auch den richtigen Bezug für den Hund zu garantieren. Denn leider sind wir Menschen für unsere Hunde oft zu langsam.

Danach darf der Hund ruhig sitzend zusehen, wie sein Mensch die Bälle erneut auslegt und nun vielleicht die Reihenfolge neutral–neutral–meins wählt. Achtung: Die neutralen Bälle dürfen nicht mit der bloßen Hand angefasst werden. Nun wiederholen wir den Vorgang. Der Hund wird an der Leine ruhig vorbeigeführt. Er erhält an jedem Ball die Chance zur genauen Untersuchung. Unser Kommentar heißt: „Pech"-„Pech"-Click und Party!

Wie oft man diesen Schritt wiederholen muss, hängt einerseits vom Hund ab, andererseits vom guten Timing beim menschlichen Loben. Aber selbst wenn es ein paar Runden länger dauert, irgendwann ist beim Hund der Groschen gefallen, dass es darauf ankommt, den Ball zu finden, der nach seinem Menschen riecht. Dann ist es an der Zeit, das Kommando „Such meins" einzuführen und den Hund mit diesen Worten loszuschicken.

Schritt 2

Nach und nach kann die Anzahl der neutralen Bälle erhöht werden. Die meisten Hunde können dann auch schon ohne Leine losgeschickt werden. Sollte der Hund unsicher sein, ist es oft vorteilhaft, ihn noch ein wenig länger anzuleinen. Für diese Hunde ist die Leine wie eine Nabelschnur zum Besitzer – und das gibt Sicherheit.

Klappt dieser Schritt in neun von zehn Fällen, sind den zahlreichen Spielvarianten keine Grenzen mehr gesetzt. Die nachfolgend aufgeführten Schritte sind als Spielideen zu verstehen. Sie können durchaus auch in anderer Reihenfolge durchgeführt werden und sollen deshalb hier als Varianten bezeichnet werden.

Variante 1

Der Meins-Ball kann in ein ganzes Bällebad (zum Beispiel in ein Körbchen) gelegt werden. Nun muss der Hund regelrecht wühlen, um den richtigen Ball zu identifizieren und herauszufischen. Manche Hunde tun sich damit anfangs sehr schwer. Sie trauen sich nicht recht. Dann sollte man die Anzahl der Bälle noch einmal stark reduzieren und mit wenigen anfangen. Andere haben einen Superspaß daran und die Bälle werden bei der Suche rücksichtslos über Bord geworfen. Dann könnte man die Übung „Aufräumen" anschließen (siehe entsprechendes Kapitel).

Versteckt sich der Meins-Ball in einem Bällebad, muss der Hund sich richtig anstrengen, um ihn zu finden.

Zum systematischen Absuchen in der Senkrechten kann man den Meins-Ball zum Beispiel in einem großen Holzstapel verstecken.

Variante 2

Man kann die Anordnung der neutralen Gegenstände auch einmal ganz anders gestalten und einen großen Kreis auslegen. Der Hund muss dann konzentriert diesen Kreis absuchen. Hat man nicht genug Bälle für den Nasenchampion, so kann man anfangen, die neutralen Gegenstände durch andere Spielsachen zu ergänzen. Man muss aber unbedingt beachten, wie anstrengend diese Arbeit für den Hund ist. Auch wenn nur ein Ball als richtig identifiziert werden soll, so muss er doch jedes ausgelegte Objekt auf seinen Geruch prüfen. Hier den Hund also bitte nicht überfordern und nur einen oder maximal zwei Suchdurchgänge machen lassen.

Variante 3

Man kann den Meins-Ball auch in einem großen Holzstapel verstecken. Nun ist systematisches Absuchen in der Senkrechten gefragt. Findet der Hund den Meins-Ball trotz der vielen Ablenkungsgerüche in einem solchen Holzstapel, dann kann man die neutralen Verleitungsbälle in steigender Anzahl mit auslegen.

Variante 4

Was in der Senkrechten geht (siehe Holzstapel), geht auch in der Waagerechten auf der Wiese. Der Meins-Ball soll auf

---

ACHTUNG!

Den Schwierigkeitsgrad darf man nicht zu schnell steigern. Der Hund muss immer erfolgreich sein, sonst verliert er die Lust. Andererseits darf der Mensch ihm auch nicht helfen, sonst nimmt er seine eigene Suchaktivität immer mehr zurück. Die Lösung liegt in der Wahl des angemessenen Schwierigkeitsgrades. Im Zweifelsfall immer lieber einen Schritt zu leicht.

einer Wiesenfläche gesucht werden. Hier empfiehlt es sich, zunächst ein nicht zu großes Wiesenareal zu wählen. Vielleicht gibt es im Garten ein begrenztes Stück oder man markiert sich ein Stück durch Aufstellen von kleinen Pylonen. Man setzt den Hund dann außerhalb der markierten Fläche, die anfangs circa fünf mal fünf Meter groß sein kann. Auf dieser Fläche geht man kreuz und quer hin und her und täuscht für den Hund an, als würde man hier oder dort den Ball verstecken. Dabei sollte man immer wieder Blickkontakt zum Hund suchen, sonst beginnt er seinen eigenen Blick auch in die Umgebung

wandern zu lassen. Dann stellt man sich neben seinen Hund und schickt ihn. Kennt der Hund ein Umkehrwort wie beispielsweise „Zurück", dann wendet man dieses an, sobald er die begrenzte Fläche verlässt. Kennt er das noch nicht, so benutzt man einfach die Schleppleine und bremst ihn sanft aus, sobald er über die von uns gesetzte Grenze geht. Man kann dabei auch beginnen, ein solches Umkehrwort zu etablieren. Hat der Hund den Meins-Ball gefunden, heißt es wieder Party! Nach und nach lässt sich das Wiesenareal vergrößern oder der Meins-Ball um neutrale Bälle ergänzen.

LERNEN IN KLEINEN SCHRITTEN

Zwei junge Frauen kamen zu mir in die Hundeschule mit ihren beiden Border Collies aus einem Wurf. Die beiden Hunde wirkten so verschieden, als seien sie noch nicht einmal der gleichen Rasse angehörig, geschweige denn Geschwister. Maja saß ruhig neben ihrer Hundeführerin und wartete auf deren Anweisungen. Mandala dagegen hüpfte wie ein Flummi auf und ab und fand keine Ruhe. Ihre Besitzerin erklärte, dass dem jungen Hund sicher langweilig sei. Es müsse jetzt auch mal etwas mehr Action stattfinden. Ich hatte jedoch „Platz und Bleib" auf dem Programm.

Majas Frauchen übte in einer etwas abgelegenen Ecke der Halle. Sie entfernte sich nur zwei Schritte, kam zum Hund zurück und bestätigte ihn. So konnte sie sich in kleinen Schritten bis auf zehn Schritte hocharbeiten. Mandalas Besitzerin ging sogleich forsch rückwärts und ärgerte sich, dass ihr Hund aufstand

und die Gelegenheit nutzte, um zu dem Nachbarhund zu laufen. Beide – Mensch und Hund – hatten jetzt schon eine schlechte Grundstimmung. Mandala wollte sich nicht noch einmal hinlegen. Ihre Besitzerin vermutete, dass sie sich vielleicht lösen müsse, und verließ die Halle. In der Zwischenzeit hatte Maja gelernt, dass sie trotz der Ablenkung der anderen Hunde liegen bleiben konnte, auch wenn sich Frauchen mal ein paar Schritte entfernte.

Lernen in kleinen Schritten gibt dem Hund die Möglichkeit zu vielen Erfolgen. Jeder kleine Erfolg bringt das Team ein Stückchen weiter auf dem Weg zum gemeinsamen Ziel.

Man beachte immer: Der Weg ist das gemeinsame Tun mit dem eigenen Hund. Hat man erst das gesetzte Ziel erreicht, muss man sich ein neues setzen! Also sollte man den Augenblick genießen, auch wenn der Ist-Stand vielleicht noch weit vom Ziel entfernt ist.

Beim passiven Verweisen wartet der Hund ruhig im Platz, im günstigsten Fall mit dem Ball zwischen seinen Pfoten.

Zeig es mir

Bei der Nasenarbeit haben wir bislang den Hund immer den gefundenen Meins-Ball apportieren lassen. Diese Vorgehensweise stammt ursprünglich aus dem jagdlichen Bereich, wobei der Hund losgeschickt wurde, das geschossene Tier zu apportieren.

Eine schöne Variante ist das sogenannte passive Verweisen. Diese Vorgehensweise ist eher den Diensthunden zuzuordnen, die beispielsweise beim Zoll ihre Arbeit tun. Diese Hunde sind spezialisiert auf ein bestimmtes Suchziel, wie zum Beispiel Drogen. Nun kann der Hund die Drogen ja nicht ein-

fach zu seinem Hundeführer apportieren, sondern muss ihm möglichst neutral, aber eindeutig anzeigen, dass er fündig geworden ist. Eine Möglichkeit wäre das Verbellen, wie es meist bei den Rettungshunden eingeübt wird. Die andere ist das passive Verweisen. Hier soll sich der Hund am Suchobjekt ruhig ins Platz ablegen und gegebenenfalls noch mit der Nase möglichst zielgenau darauf zeigen.

Das bedeutet für unser Training: Der Hund sucht auf die gleiche Weise seinen Ball, soll ihn dann aber nicht zum Besitzer bringen, sondern sich so ins Platz legen, dass im günstigsten Fall der Ball zwischen den

46

Pfoten liegt. Erst dann kommt der Hundeführer zu seinem Hund und holt sich seinen Ball, den er ruhig vom Boden aufnimmt. Der Hund muss während der ganzen Zeit liegen bleiben.

Bei der sogenannten Zielobjektsuche (ZOS – erfunden von Thomas und Ina Baumann) wird auf das passive Verweisen sehr großer Wert gelegt. Hier muss der Hund im Platz ruhig mit der Nasenspitze präzise auf den Gegenstand zeigen, was natürlich Sinn macht, wenn man in dieser Sportart auf einer Wiese eine Büroklammer versteckt und durch den Hund suchen lässt.

Material:
- *der Meins–Ball*
- *ein Clicker (eventuell)*
- *Leckerlis*

Vorkenntnisse:
Der Hund sollte sich auf Anweisung ins Platz legen und dies auch auf Distanz zum Hundeführer tun.

Lernziel:
Der Hund legt sich auf Distanz zum Hundeführer zum Ball orientiert ins Platz, sobald er ihn gefunden hat.

Zusatz:
Der Hund soll mit der Nasenspitze präzise auf den Ball zeigen.

Schritt 1
Der Hundeführer lässt den Hund an seiner Seite Sitz machen und legt den Ball wenige Schritte entfernt ins Gras. Dann tritt er ruhig wieder an die Seite seines wartenden Hundes. Sollte der Hund schon bei dieser Aktion aufgestanden sein, so wiederholt man den Schritt geduldig, bis der Hund das Warten akzeptiert. Es lohnt sich, hier geduldig und präzise zu arbeiten, damit der Hund von Anfang an lernt, dass nach den Spielregeln des Menschen gearbeitet wird. Gelingt das, laufen Hundeführer und Hund auf das Signal des Menschen gemeinsam zum Ball. Mit dem Kommando „Platz" hält der Hundeführer seine Hand über den Ball, damit der Hund ihn nicht aufnehmen kann. Die meisten Hunde stehen zunächst irritiert vor dem Ball unter der Hand. Hier sollte man dem Hund ruhig durch leises Wiederholen (Erinnern) des Platz-Wortes helfen, damit er in seinen auf den Ball orientierten Kopf hineinbekommt, dass nun etwas anderes von ihm gewünscht wird. Liegt er, kommen sofort der Click und eine tolle Leckerli-Belohnung direkt am Ball. Das Füttern am Ball hat den Vorteil, dass der Hund sich nach kurzer Zeit in freudiger Erwartung seiner Belohnung richtig zum Ball orientiert und sich nicht drauflegt. Tut er das dennoch, so muss man ihn sanft hinunterschubsen und erst dann wieder füttern.

Dieser Schritt muss je nach Hundetyp mehrfach wiederholt werden.

Schritt 2
Der Ball wird jetzt auf ganz kurze Distanz geworfen. Der Hundeführer bleibt nun jedoch stehen und hilft seinem Hund nur noch durch die Platz-Anweisung im richtigen Moment.

Nimmt der Hund den Ball aber in alter Gewohnheit wieder auf und will ihn apportieren, so hilft ein emotionsloses Fehlerwort wie „Schade" oder „Fehler" und man legt den Ball genau dort wieder hin, wo der Hund ihn aufgenommen hat. Es ist oft erstaunlich, wie schnell

Beim passiven Verweisen verharrt der Hund präzise mit der Nase am gefundenen Objekt, in diesem Fall dem Ball.

WICHTIGE PUNKTE BEI DER NASEN–BALLARBEIT

- Die Verleitungsbälle dürfen nicht mit der Haut berührt werden, da der Hund sonst nicht unterscheiden kann, was neutral und was der Individualgeruch ist.
- Bei den unterschiedlichen Varianten nicht zu schnell vorwärtsgehen. Die Aufgaben sind anspruchsvoll und der Hund muss Zeit haben, sie zu verarbeiten.
- Sollte es einmal nicht funktionieren – einen Schritt zurück! Am nächsten Tag klappt es bestimmt wieder.
- Beim Auslegen der Bälle auf der Wiese unbedingt die Stellen merken, besonders wenn neutrale Bälle eingesetzt werden, die der Hund nicht suchen und nehmen soll. Liegen gebliebene Bälle sind nicht nur für den Besitzer ein Verlust, sondern ruinieren jedes Mähwerk. Der Zorn des Bauern ist einem gewiss.

Hunde lernen, dass sie nun die Apportierstrategie nicht zum Ziel bringt. Man muss an dieser Stelle nur konsequent sein. Sollte ein Hund es gar nicht schaffen, muss man noch einmal zu Schritt 1 zurückkehren oder kurzfristig schon einmal den Ball mit einem Stein beschweren.

Schritt 3

Wenn der Hund sich in unmittelbarer Nähe zum Besitzer sofort am Ball ins Platz legt, kann man langsam an der Distanz arbeiten. Es empfiehlt sich, den Ball zunächst auszulegen, damit der Hund ruhiger und konzentrierter arbeiten kann. Ein Werfen des Balls würde sehr viel mehr Erregung im Hund auslösen und die Aufgabe erschweren (siehe Kapitel „Der Ball im Antijagdtraining und zur Impulskontrolle").

Schritt 4 (Zusatz)

Will man erreichen, dass der Hund auch seine Nase an den Gegenstand, hier also den Ball, presst und dabei den Kopf flach auf die Erde legt, so wie es die Jäger im „Down" verlangen, so sollte man den Ball verstecken. Auf der Wiese gibt es dazu zwei Möglichkeiten: Entweder man gräbt ein kleines Loch und legt den Ball hinein oder man nimmt einen größeren Stein und legt den Ball so darunter, dass der Hund noch gut an der Kante mit der Nase herankommt.

Man beginnt mit dem Auslegen wieder in unmittelbarer Nähe zum gemeinsamen Startpunkt. Der Hund darf ruhig sehen, was sein Mensch macht, denn bei diesem Schritt geht es nicht um die Suchleistung, sondern um die besondere Form der Anzeige. Der Hund sollte zu diesem Zeitpunkt die Schritte 1 und 2 gut beherrschen.

Der Hundeführer schickt also seinen Hund zum Ball. Der Hund legt sich in freudiger Erwartung des Futters zügig hin und der Mensch hockt sich neben ihn und schaut gebannt auf den Ball. Die meisten Hunde schauen nun ihren Besitzer erwartungsfreudig an. Das darf nicht bestätigt werden, denn der Hund soll ja seinen Fokus auf sein Suchobjekt richten. Zu diesem Zeitpunkt darf der Mensch auch nicht seinen Hund anschauen, sondern das gemeinsame Ziel Ball muss im Augenfokus von Mensch und Hund sein. Zusätzlich kann man die mit Leckerlis gefüllte, aber geschlossene Hand noch dicht neben den Ball legen, um dem Hund die Planungssicherheit zu geben, dass ihm sein Futter zusteht, er aber dafür noch etwas tun muss. Stupst der Hund nun an den Ball, kommt sofort der Click, und die Hand öffnet sich. Nach wenigen Wiederholungen haben die meisten Hunde das verstanden.

Zur Steigerung kann man den Zeitpunkt für den auflösenden Click ganz langsam hinauszögern oder die Verstärkungsclicks benutzen, die dem Hund ja vermitteln, dass er das Richtige tut.

Der Ball

als Hilfsmittel für
interessante Aufgaben

Hunde lernen gern immer neue Dinge, denn sie brauchen geistige Anregungen, um ausgeglichen und zufrieden zu sein. Für den Aufbau vieler Übungen ist der Ball ein geeignetes Hilfsmittel.

Hunde arbeiten gern, wenn sie motiviert und positiv bestärkt werden. Viele Aufgaben lassen sich sehr gut über Futter einüben. Manchmal ist Futter auch die bessere Wahl als der Ball. Das trifft beispielsweise dann zu, wenn sich beim Hund durch den Anblick des Balls ein „Schalter" im Gehirn umlegt, sodass er nicht mehr für die notwendigen Lernverknüpfungen empfänglich ist. Der Hund muss schon eine kontrollierte Umgehensweise mit dem Ball haben, damit man ihn als Jackpot einsetzen kann.

Solche Jackpot-Methoden müssen natürlich langsam aufgebaut und geübt werden, sonst kann es sein, dass ein Hund während der Prü-

Meine Franzy ist zum Beispiel ihre Begleithundeprüfung für den Ball gelaufen. Da man ja kein Futter oder Spielzeug mit in eine Prüfung nehmen darf, habe ich ihr den Ball vorher gezeigt und ihn außerhalb des Prüfungsbereichs abgelegt. Mit den Worten: „Das ist dein Jackpot, der wartet", sind wir in die Prüfung gegangen und sie ist eine hoch motivierte Unterordnung gelaufen. Kaum hatte der Richter uns entlassen, habe ich sie geschickt. Franzy wusste genau, wo der Ball auf uns wartete, und ein ausgiebiges Spiel war ihr gewiss.

fung eigenmächtig entscheidet, dass er doch lieber schon etwas eher zu seinem geliebten Ball laufen möchte.

Im Folgenden wird eine Reihe von Grundübungen beschrieben, die sich sehr gut mit dem Ball als Hilfsmittel aufbauen lassen. Es ist unbestritten, dass sich hierfür zum Teil auch Futter oder natürlich Spielsachen verwenden lassen. Aber es funktioniert eben auch sehr schön mit dem Ball!

In einigen Fällen stellt der Ball ein Ziel dar, wenn ich den Hund von mir wegschicken will. Hier ist Futter für mich nicht so geeignet, weil ich es auf den Boden legen muss und der Hund sich häufig in der Suche verliert.

Manchmal ist er nur Mittel zum Zweck und ein anderes Mal ein Motivationsmittel mit dem Versprechen auf ein wunderschönes Spiel mit dem Menschen.

Grundübung: „Nimm auf" – „Leg ab"

Meine Hunde müssen häufig im Haushalt helfen. Da fallen mir schon mal Socken beim Transport zur Waschmaschine ganz unbeabsichtigt herunter oder eine Zeitung muss eine Etage höher gebracht werden. Franzy trägt auch mit Vorliebe leere Plastikflaschen.

In einem normalen Haushalt fallen dauernd Tätigkeiten an, wo etwas getragen werden muss. Bei dieser Übung geht es also darum, dass der Hund einen liegenden oder stehenden Gegenstand vorsichtig aufnimmt und bis zu einem gezeigten Ort trägt und dort ablegt. Unterwegs darf nicht getauscht oder gar das Objekt liegen gelassen werden.

Einführen kann man diese schöne Grundübung wieder sehr gut mit dem Ball auf einem Spaziergang, im Garten oder aber auch im Haus. Ich leine meine Hunde dabei anfangs gerne an, um ihnen gleich die Verbindlichkeit der Übung zu zeigen.

Material:
ein Ball

Vorkenntnisse:
Der Hund muss das Apportieren schon über spielerischen Aufbau gelernt haben. Das „Aus" muss funktionieren.

Lernziel:
Der Hund soll lernen, den Ball ruhig ins Maul zu nehmen, zu tragen und an einer genau angezeigten Stelle abzulegen.

Schritt 1

Es macht Spaß, diese Übung auf einem Plattenweg zu trainieren. Man führt den Hund an der Leine zum ausgelegten Ball und motiviert ihn, den Ball zu nehmen. Wenn der „leblose" Ball den Hund noch nicht veranlasst, ihn aufzunehmen, dann muss man noch einmal etwas Bewegung in den Ball bringen. Je weniger nötig ist, desto besser. Hat er den Ball im Maul, führt man den Hund zu der Platte, wo man sich die Ablage vorgestellt hat. Über die Leine wird der Hund am Weitergehen gehindert. Nun

gibt es verschiedene Möglichkeiten, je nach Vorkenntnis des Hundes. Für Hunde, die es gewohnt sind, in die Hand abzulegen, lege ich meine flache Hand auf die Platte und sage „In die Hand". Bei der Aufräumübung kann ich dieses Kommando wieder verwenden und auf die Platte zeigen. Man kann es auch einfach mit dem „Aus" und Leckerli auf der Platte versuchen. Hier führen tatsächlich mehrere Wege gut zum Ziel. Das neue Kommando „Leg ab" sollte man erst sagen, wenn der Hund seine Aufgabe verstanden hat.

Schritt 2 – für Fortgeschrittene: Mensch-ärgere-dich-nicht

Wenn man in einer netten Gruppe von Hundeleuten zusammen ist, kann man auch einmal gemeinsam Mensch-ärgere-dich-nicht spielen.

Material:
- *etwa 25 Hula-Hoop-Reifen*
- *ein Würfel*
- *pro Teilnehmer ein Ball als Spielfigur*

Vorkenntnisse:
Die Hunde können die gelernten Grundkommandos „Nimm auf" – „Leg ab" und „Stups" unter Ablenkung durch andere Hunde anwenden.

Spielverlauf
Die Reifen werden auf der Erde in einer langen Reihe ausgelegt und symbolisieren das Spielfeld. Der Hund, der an der Reihe ist, stupst

den Würfel, nimmt seinen Ball und wird von seinem Hundeführer zu dem Reifen geleitet, der den Würfelaugen entspricht. Dort wird der Ball abgelegt.

Der nächste Teilnehmer verfährt genauso. Je nach Punktzahl muss der Hund nun mit dem Ball im Maul über die anderen Bälle hinweggeführt werden oder aber noch mit leerem Maul an den anderen ausliegenden Bällen vorbei, bis er seinen aufnehmen darf. Keine leichte Aufgabe, wie man sich vorstellen kann.

Eine zusätzliche Steigerung in der Schwierigkeit kann man noch durch das Rauswerfen einbauen. Landet man in einem Reifen, wo schon ein Ball liegt, so nimmt der Hundeführer ihn auf und wirft ihn dem Besitzer des Balls zu. Beide Hunde müssen das aushalten!

Wem das alles noch nicht genug ist, der kann auch die Mitspieler von zwei verschiedenen Enden der Reifen-Reihe starten lassen. Man trifft sich dann im Mittelfeld, wo fleißig rausgeschmissen werden darf. Viel Spaß!

Grundübung: „Ausräumen" – „Aufräumen"

Es scheint nicht nur ein physikalisches Gesetz zu sein, dass sich Unordnung von ganz allein, freiwillig und ohne nennenswerten Widerstand einstellt. Ähnlich wie ein Ball, der – einen Moment nicht aufgepasst – den Berg herunterrollt, klappt das Ausräumen fast immer.

Die Zimmer der meisten Kinder demonstrieren täglich, dass ihnen die Kenntnis dieses physikalischen Gesetzes praktisch in die Wiege gelegt wurde. Hunde sind da erstaunlicherweise nicht so viel anders. Man muss kaum einem Hund beibringen, etwas auszuräumen.

Es lohnt sich also, den eigenen Hund einmal beim Ausräumen zu beobachten. Man muss allerdings bedenken, dass sich Rudelhunde grundsätzlich anders bei potenzieller Beute verhalten als „Einzelkinder".

Aufräumen
Bei mir hat in all den Jahren noch nie ein Hund von sich aus das Aufräumen gezeigt. So wie ein Ball eben nicht allein den Berg heraufrollt, so muss das Aufräumen wohl immer erst geübt werden.

Material:
- *ein flacher Korb oder Karton*
- *ein Ball*
- *Leckerlis oder ein zweiter Ball*
- *eine kleine Hausleine*

Vorkenntnisse:
Apport in die Hand

Lernziel:
Der Hund soll lernen, nur auf das Signalwort „Aufräumen" hin die gezeigten oder benannten Gegenstände in den Korb oder Karton zu legen.

Hinweis:
Dies ist eine Grundübung für das Basketballspiel.

Schritt 1
Der Hund trägt eine leichte Hausleine und wird zum Ball geschickt. Beim Hundeführer angekommen, wird er zunächst an der Leine ein wenig herumgeführt. Er soll den Ball dabei stolz tragen. Dann führt man ihn ohne große Umstände zum Korb und hält die Hand – gegebenenfalls mit einem Leckerli bestückt – über den Korb. Für die Hunde, die das Signalwort „In die Hand" kennen, lässt sich das hier gut einsetzen. Dann lässt man den Ball in den Korb fallen und lobt den Hund dafür ausgiebig.

Schritt 2
Wenn der Hund verstanden hat, dass am Korb etwas Interessantes für ihn stattfindet, kann man dort stehen bleiben und sich den Ball dorthin bringen lassen. Nun wandert die Hand zunehmend tiefer in den Korb, bis sie schließlich am Boden des Korbes liegt, wenn der Hund den Ball bringt.

Schritt 3
Wenn der Hund den vorherigen Schritt zuverlässig schafft, dann schleicht sich die Hand des Menschen als Hilfe aus und man kann, kurz bevor der Hund den Ball in den Korb fallen lässt, das neue Signalwort „Aufräumen" einführen.

Nun muss man sich schrittweise bei der „Aufräumen"-Übung vom Korb entfernen. Toll, wenn der Mensch im Sessel sitzt und der Hund die Arbeit erledigt!

Variante für motorische Akrobaten
Wenn die Grundform des Aufräumens klappt, kann man sich natürlich wieder viele Steigerungen in der Anforderung vorstellen.

So ist es schon eine erste Herausforderung, den aufzuräumenden Ball nicht einfach in einen Eimer fallen zu lassen, sondern ordentlich auf dem umgedrehten Eimer zu platzieren. An diesem Punkt sind der Fantasie keine Grenzen gesetzt. Es gibt im Spiel-

Zunächst hilft der Mensch seinem Hund noch beim Aufräumen.

Ich habe daheim einen Korb mit Spielsachen, der mir gehört und den ich auch verwalte. Bei uns liegen keine Spielsachen zur freien Verfügung herum. Stelle ich den Korb mitten ins Zimmer und gebe ihn frei, so dauert es nicht lange und alle Spielsachen sind ausgeräumt. Je nach Hundetyp liegen sie einfach nur vernachlässigt mitten im Zimmer, wurden ins Hundekörbchen geschleppt oder sogar unter Kissen auf dem Sofa vor dem Zugriff der anderen versteckt. Meine drei Hunde verhalten sich diesbezüglich grundverschieden.

Nscho-Tschi, die Jüngste, fischt die Spielsachen wahllos aus dem Korb, wirft sie in die Luft, fängt sie zuweilen wieder auf oder auch eben nicht. Sie freut sich einfach ihres Lebens. Ihre Spielsachen liegen bunt verstreut auf dem Teppich und werden schnell uninteressant, es sei denn, Franzy würde sich für eines interessieren!

Franzy geht gelassen an den Korb, schnüffelt ausgiebig und nimmt nur bestimmte Dinge heraus: Der geliebte Ball, die Stoffratte und die Beißwurst stehen auf ihrer Hitliste ganz weit oben. Diese Dinge werden ins Hundekörbchen in Sicherheit gebracht. Sie spielt nicht allein damit. Sie spielt nur mit mir zusammen. Dann liegt die sonst so geduldige und freundliche Franzy auf ihren Schätzen und „lächelt" (Zähne zeigen) jeden herannahenden Hund an. Menschen sind kein Problem.

Enaya tigert aufgeregt, leicht gestresst hin und her, wenn es um den Spielsachenkorb geht. Sie kann sich kaum entschließen, etwas herauszunehmen. Für sie bedeuten diese Dinge Verantwortung (bewachen) und damit Stress. Wenn sie tatsächlich etwas nimmt, behalte ich sie im Auge. Sie würde die anderen Hunde – je nach augenblicklicher Verfassung – nicht nur „anlächeln", sondern auch attackieren. Meist jedoch kommt sie auf geradem Wege zu mir und liefert die Beute ab, was für sie bedeutet: Verantwortung los und Lob dazu! Das sind gleich zwei Gründe. Klappt das aus irgendeinem Grund nicht, so versteckt sie die Spielsachen. Manchmal ist es erstaunlich, wann man etwas wo wiederfindet. So haben wir häufiger im Jahr unser persönliches Osterfest.

warenhandel schöne kleine Gummiringe, auf die man den Hund ebenfalls den Ball ablegen lassen kann. Wer sich im Baustoffhandel gut auskennt, kauft sich die Deckel für Kanalrohre für wenige Cent. Die gibt es in allen möglichen Größen. Auf ein Brett geschraubt, bilden sie perfekte Mulden, um Bälle unterschiedlicher Größen hineinsortieren zu lassen.

Eine weitere Herausforderung könnte ein Schuhkarton sein, in den man oben in den Deckel ein Loch schneidet, das den Balldurchmesser gerade übertrifft. Hier sollte zunächst mit einem Ball mit kurzem Seil geübt werden. Der Hund muss den Ball dann praktisch einfädeln. Eine echte Meisterleistung, wenn es klappt!

Grundübung: „Stupsen"

Material:
- *eine leere Plastikflasche*
- *ein großer Stoffwürfel*
- *Leckerlis*
- *ein Clicker*

Vorkenntnisse:
Wenn der Hund schon den Nasentouch kennt, so erleichtert das die Übung sehr.

Lernziel:
Der Hund soll lernen, mit der Nase etwas anzustupsen, bis es sich bewegt.

Schritt 1
Man legt unter die Plastikflasche ein Leckerli und lässt den Hund die Flasche umstupsen, um an das Leckerli zu gelangen. Spätestens beim zweiten oder dritten Mal weiß der Hund, was er zu tun hat, und man sagt kurz bevor er die Flasche mit der Nase umstupst, das Kommando „Stups".

Schritt 2
Der Hund sitzt vor der Plastikflasche und es befindet sich kein Leckerli darunter. Stupst er die Flasche wie zuvor um, so wird sofort geclickt und der Hund bestätigt. Wenn das zuverlässig klappt, wird das Kommando „Stups" wieder kurz bevor der Hund zum Stupsen ansetzt, gesagt. Dieser Schritt muss oft genug wiederholt werden, damit der Hund Kommando und Tätigkeit miteinander verknüpft.

Schritt 3
Das Stupsen soll generalisiert werden. Man sucht sich andere Gegenstände, die sich auch umstupsen lassen, wie zum Beispiel den Würfel. Man kann es auch einmal mit einem Spielzeugauto versuchen, das dadurch ins Rollen gebracht wird.

Schritt 4
Bei den Schritten 1 bis 3 befand sich der Hundeführer in unmittelbarer Nähe zum Hund. Im vierten Schritt schickt der Mensch seinen Hund aus zunehmend größer werdender Distanz zu dem umzustupsenden Gegenstand.

Variante „Touch"
Wenn der Hund den Nasentouch über die Hand kennt, oder aber ein Target, wie beispielsweise einen roten Punkt, so kann man die Hand vor die Flasche halten und dann

wegziehen beziehungsweise den roten Punkt auf die Flasche kleben.

In diesen Fällen sollte man beim Kommando „Touch" bleiben, es sei denn, man möchte den Touch immer sehr sanft haben und das Stupsen dadurch abheben, dass hier ein Gegenstand in Bewegung versetzt werden soll.

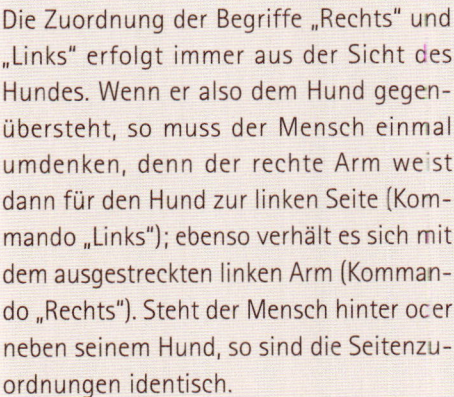

ACHTUNG!

Die Zuordnung der Begriffe „Rechts" und „Links" erfolgt immer aus der Sicht des Hundes. Wenn er also dem Hund gegenübersteht, so muss der Mensch einmal umdenken, denn der rechte Arm weist dann für den Hund zur linken Seite (Kommando „Links"); ebenso verhält es sich mit dem ausgestreckten linken Arm (Kommando „Rechts"). Steht der Mensch hinter oder neben seinem Hund, so sind die Seitenzuordnungen identisch.

Es ist gerade in der Übungsphase sehr wichtig, dass man die Begriffe nicht verwechselt, sonst gerät der Hund schnell durcheinander und verliert die Lust an dieser Arbeit. Frei nach dem Motto: Wenn der Mensch selber noch nicht weiß, was er will, dann macht der Hund bestimmt nicht mit!

Tipp: Hat man schon im normalen Alltag Schwierigkeiten mit der korrekten Zuordnung von rechts und links, so hat es sich sehr bewährt, sich auf den rechten Handrücken ein „L" und auf den linken Handrücken ein „R" zu schreiben. Wenn man sich dem Hund gegenüber befindet, kann man einfach auf seine Hände sehen.

Grundübung Richtungstraining: „Rechts" – „Links"

Material:
- *zwei Pylonen, alternativ umgedrehte Eimer*
- *ein Ball*
- *Leckerlis*
- *eine Hilfsperson (nicht zwingend, aber sinnvoll)*

Vorkenntnisse:
- *Grundgehorsam*
- *Sitz und Bleib*
- *schicken lassen*

Lernziel:
Der Hund soll lernen, sich nur auf die Signalworte „Rechts" beziehungsweise „Links" in die jeweilige Richtung zu wenden. Diese Übung soll auch auf Distanz klappen.

Schritt 1

Der Hund sitzt zwischen zwei umgedrehten Eimern, die jeweils etwa drei bis vier Meter vom Hund wegstehen. Der Mensch steht im Abstand von wenigen Metern vor seinem Hund. Nun legt man den Ball demonstrativ beispielsweise auf den Eimer rechts vom Hund. Das weitere Vorgehen hängt davon ab, wie viele Hilfen der Hund nötig hat. Das Schicken sollte in jedem Fall funktionieren, allerdings muss man bedenken, dass man die Hilfen auch wieder abbauen muss.

Bei einem sehr jungen, unerfahrenen Hund sollte man sich demzufolge mit dem ganzen

Ein fortgeschrittener Hund kann zwischen zwei Eimern sitzen, auf denen jeweils ein Ball liegt.

Körper in Richtung des für den Hund rechten Eimers ausrichten und ihn deutlich mit dem Arm dorthin einweisen. Kurz bevor man alle diese Hilfen gibt, sagt man das Kommando „Rechts" und schickt den Hund mit dem Kommando für den Apport.

Ist der Hund erfahrener, reicht es vielleicht, nur den Kopf zu dem Eimer mit dem Ball zu drehen (Achtung: Der Mensch muss nach links drehen!).

Ich übe an einem Tag immer nur eine Richtung, das aber an verschiedenen Stellen und mit langsam wachsendem Abstand. Am nächsten Tag ist dann die andere Richtung dran.

Schritt 2
Wenn der Hund schon eine gute Vorstellung von rechts und links in diesem Übungsaufbau hat, lege ich auf beide Eimer einen Ball. Beide Seiten sind jetzt gleich attraktiv. Die Hilfsperson sollte die nicht gewählte Seite vorsichtshalber absichern, damit der Hund hier nicht zum Erfolg kommt. Man kann die Bälle auch mal unter den Eimern verstecken.

Hier sollte man bezüglich der Körperhilfen vorsichtshalber noch einmal ein paar Schritte zurückgehen.

Der Hund muss nun an der richtigen Seite den Eimer umstupsen.

Die Körperhilfen müssen dann wieder abgebaut werden.

Schritt 3
Nun geht es ans Generalisieren. Man wechselt die Örtlichkeiten und auch die Aufgaben, die der Hund rechts oder links erledigen soll. Hier lassen sich auch schön Weggabelungen oder das Abbiegen in ein Zimmer nutzen.

Schritt 4
Beim fortgeschrittenen Hund kann man rechts und links Aufgaben auslegen. Denkbar wäre rechts eine „Stups"-Aufgabe und links der Apport eines Balls. Nun schickt man den Hund zuerst nach rechts zur „Stups"-Aufgabe und lässt ihn dann den Ball apportieren. Oder man hat zwei Paar Socken „verloren", möchte aber nur die rechts liegenden

Nun zeigt man dem Hund die Richtung an, für die er sich entscheiden soll.

Socken gebracht haben. Der Kreativität an Aufgaben sind keine Grenzen gesetzt.

Grundübung: „Voran"

Bei der Grundübung „Voran" lernt der Hund, so lange auf einer gedachten Linie geradeaus zu laufen, bis ihm ein anderes Kommando die Anweisung für ein neues Verhalten gibt. Letzteres kann durchaus unterschiedlich sein. Bei der Unterordnung zur Vielseitigkeitsprüfung muss sich der Hund zum Beispiel in circa 30 Metern nach dem „Voran" auf Kommando ins Platz legen. Bei der Dummyarbeit wird der Hund im geeigneten Moment die Anweisung zum Suchen bekommen. In Kombination mit der „Voran"-Übung lassen sich vielfältige Aufgaben mit Anweisungen auf Distanz kombinieren (siehe Kapitel „Flyball"). Das Problem bei der „Voran"-Übung für den Hund besteht darin, dass er keine Vorstellung von unserer gedachten geraden Linie hat. Er benötigt ein Ziel, um über viele Übungen eine „Vorstellung" von unserem Begriff „Voran" zu bekommen.

Material:
ein Ball

Vorkenntnisse:
- *Der Hund sollte sitzen bleiben, während sich der Hundeführer entfernt.*
- *Der Hund sollte einen liegenden Ball apportieren.*
- *Der Hund sollte ein Stopp-Signal auf Distanz befolgen.*

Lernziel:
Der Hund soll auf gerader Linie auf das Kommando „Voran" so lange geradeaus laufen, bis eine neue Anweisung kommt.

Schritt 1

Der Hund sitzt ruhig neben seinem Hundeführer und beobachtet, wie dieser circa zehn Meter weit in gerader Linie geht und dort demonstrativ den Ball ablegt. Der Mensch geht zurück, stellt sich neben seinen Hund und schickt ihn mit dem Kommando „Voran" und dem ausgestreckten Arm in die Richtung des Balls los. Der Hund darf mal den Ball apportieren, mal wird er am Ball ins Platz geschickt.

Schritt 2
Die Entfernung wird langsam gesteigert. Die Übung sollte in diesem Stadium möglichst am selben Standort stattfinden.

Schritt 3
Wenn Schritt 2 vom Hund freudig über 20 bis 30 Meter ausgeführt wird, dann schickt man ihn mit dem gleichen Ritual wie gewohnt los, legt aber keinen Ball aus. Kommt der Hund an dem von uns gedachten Zielpunkt an, bekommt er das Stopp-Signal. Die meisten Hunde suchen dann zunächst ihren erwarteten Ball. Hier sollte man zügig das „Platz"-Kommando geben, damit der Hund weiß, was er zu tun hat. Hat der Hund das alles prima ausgeführt, ist ein Jackpot fällig. Ich rufe dann freudig meinen Hund und werfe ihm den Ball in eine andere Richtung.

Der Schritt ohne Ziel (hier: Ball) darf nicht zu oft gemacht werden, sonst wird der Hund langsam und lustlos.

Variante
Man kann jetzt bald eine schöne Variante einbauen. Dazu legt man im etwas höheren Gras den Ball aus, ohne dass der Hund zuschaut. Nun ist es wichtig, dass man sich selbst eine genaue Marke vom Liegeplatz des Balls merkt. Gelbe Blumen sind nur dann gut, wenn sie sehr vereinzelt stehen. Ich kann da aus leidlicher Erfahrung sagen,

dass ich manches Mal hinterher erst gemerkt habe, wie viele gelbe Blumen plötzlich auf der Wiese blühten, wo vorher ganz bestimmt nur eine einzige stand!

Vom Liegeplatz des Balls geht man in gerader Linie 10 bis 15 Meter zurück. Von hier aus soll nun der Hund vorangeschickt werden. Man schickt ihn wie gewohnt, stoppt ihn kurz vor der gemerkten Stelle und gibt dann das Kommando „Such" (den Ball).

Das Problem bei dieser Übung für den Menschen besteht darin, dass er tatsächlich eine Vorstellung vom Liegeplatz des Balls haben muss. Wenn man das nicht mehr so genau weiß, schickt man seinen Hund lieber ohne diese Richtungsanweisung und teilt ihm mit, dass man leider den Ball verloren hat, was ja stimmt. „Such verloren" heißt es dann bei uns. Und das kommt bei mir leider häufiger vor. Gut, dass meine Hunde so gute Nasen haben!

Für Einweisungsprofis lässt sich das Vo-ranschicken natürlich auch mit „Rechts" und „Links" kombinieren. Wer daran professionell weiterarbeiten will, sollte sich mit der Dummyarbeit der Retriever auseinandersetzen. Hier kann man sich viele wertvolle Tipps holen.

Grundübung: „Rum"

Im Bereich der Kommandos, die den Hund auf Distanz dirigieren, wie „Voran", „Rechts" und „Links" darf eine wunderschöne Übung nicht fehlen, die den Hund um Objekte herumschickt. Das können Sessel in der Wohnung, Laternenmasten oder Bäume im Wald sein. Ganz gleich, was wir uns aussuchen, der Hund lässt sich herumschicken, und

Der Hund wird mit dem Kommando „Voran" auf der linken Seite des zu umrundenden Objekts losgeschickt.

Das Kommando „Rum" erfolgt, wenn der Hund sich im Wendepunkt der Umrundung auf den Menschen zu bewegt.

Hat der Hund den Ball gefunden, apportiert er ihn zu seinem Menschen und holt sich ein dickes Lob ab.

Meine Franzy lässt sich mit Begeisterung auch um Menschengruppen schicken. Bei einer Veranstaltung mit Rollstuhlfahrern saßen circa 30 gehbehinderte Menschen in einem großen Kreis. Ich schickte Franzy darum herum und ließ sie noch ein Körbchen dabei tragen. Der Erfolg war auf ihrer Seite.

Der große Briardrüde Balou verbringt viel Zeit mit seinen Menschen im Baumarkt. Zur Freude der Kunden lässt sich Balou um die Regale schicken.

Die Border Collies einer meiner Trainerinnen umrunden auf Anweisung auch ganze Gebäude.

Wie weit man das treiben möchte, muss man selbst bestimmen; der Fantasie sind jedenfalls kaum Grenzen gesetzt.

besonders Hütehunde haben bei diesem Umrunden einen großen Spaß.

Ein besonders schöner Nebeneffekt bei dieser Übung ist das begeisterte Auf-mich-zu-Rennen, wenn der Hund das Objekt umrundet hat. Meine Franzy benimmt sich dabei jedes Mal so, als hätten wir uns ewig nicht gesehen.

Man beginnt am besten mit einem massiven Teil, wie einem Sessel oder einer Litfaß-Säule. Die Verstecke, die sich auf dem Gelände vieler Vereine befinden, sind auch hervorragend geeignet.

Material:
- *ein Ball*
- *ein Objekt zum Umrunden*

Vorkenntnisse:
Der Hund sollte aktiv zum Ball laufen, wenn ich ihn schicke.

Lernziel:
Der Hund lernt, alle gezeigten Objekte – ob nah oder ferner – zu umrunden und auf schnellstmöglichem Weg zu seinem Menschen zurückzukommen.

Schritt 1
Der Hundeführer legt den Ball rechts hinter das zu umrundende Objekt und schickt den Hund links daran vorbei. Wenn der Hund sich vom Menschen nach vorne trennt, sieht er den Ball und läuft (hoffentlich) freudig darauf zu. Der Hundeführer bewegt sich in der Zwischenzeit einige Schritte nach rechts, damit der Hund ihn sogleich sieht, wenn er den Ball aufgenommen hat. Dann sollte sich der Mensch freudig rufend rückwärts nach hinten bewegen. Das fördert den Trieb des Hundes enorm, mit der gleichen Fröhlichkeit auf seinen Menschen zuzulaufen.

Schritt 2
Das Kommando „Rum" sollte man zunächst in dem Moment anwenden, wenn der Hund sich gerade im Wendepunkt der Umrundung auf den Menschen zu bewegt.

Schritt 3
Der Mensch bewegt sich immer weniger nach rechts, nachdem er den Hund nach links geschickt hat. Bald kann er an einem Punkt stehen bleiben.

Schritt 4

Der Hund wird langsam aus immer größerer Distanz um die Objekte geschickt.

Schritt 5

Nun wird es Zeit für die Generalisierung im Sinne der oben bereits beschriebenen Möglichkeiten. Eine Allee, wo der Hund abwechselnd nach rechts und nach links die Bäume umrundet, wäre auch mal eine nette Herausforderung.

Reden ist Silber, Schweigen ist ...

Eine junge Frau kommt mit ihrem sechs Monate jungen Rüden zu mir in die Beratungsstunde. Sie ist das erste Mal da und natürlich auch ein wenig nervös, weiß sie doch noch nicht so genau, was sie erwartet. Der junge Hund spürt das ganz genau und verarbeitet die angespannte Situation auf seine Weise: Er springt an Frauchen hoch, zwickt sie in die Jacke und den Arm. Das alles trägt natürlich nicht dazu bei, dass diese ruhiger und souveräner für ihren Hund werden kann. So versucht sie mit hektischer Stimme, ihm ein Sitz abzuverlangen. Gleichzeitig beugt sie sich dabei über ihn und deutet fuchtelnd mit dem Zeigefinger gen Boden. Der Junghund beginnt sich seitlich abzurollen und in eine Ablage zu schummeln, während Frauchen unter den Augen des Trainers versucht, das Sitz durchzusetzen. Der junge Hund versteht gar nichts mehr, springt auf, beißt kurz in ihre Jacke und versucht zu entkommen.

Was ist hier passiert? Die Erklärung ist denkbar einfach:

Der Hund versucht aufmerksam, unsere Körpersprache zu lesen, und wir Menschen sind oft körpersprachlich widersprüchlich. Wir wollen zum Beispiel, dass der Hund kommt, und drücken ihn körpersprachlich von uns weg. Die junge Frau hat nun zusätzlich noch die Lautsprache benutzt. Leider war ihr akustisches Signal „Sitz" im Widerspruch zu ihrer Körperhaltung, aus der der Hund allenfalls ein Platz oder eine Unterwerfung für sich deuten konnte.

Um Hundeführern die feine Beobachtung unserer Hunde für die Körpersprache zu vermitteln, wird in meiner Hundeschule immer mal wieder der „schweigende Parcours" aufgebaut und durchgeführt. Dazu errichte ich ganz unterschiedliche Stationen, an denen der Hund mal neben seinem Hundeführer geht, mal warten muss und auch mal nach vorne geschickt wird. Mal soll der Hund stehen, sitzen oder liegen, mal vielleicht auch kriechen. Allen Übungen gemeinsam ist nur, dass der Hundeführer kein Sterbenswörtchen reden darf.

Die Menschen sind meist zunächst entsetzt und fest davon überzeugt, dass das nicht machbar sei. So beginnen sie auch damit, sich auf die Schenkel zu klopfen oder mit der Zunge zu schnalzen, um damit die Aufmerksamkeit ihres Hundes zu bekommen. Wir glauben immer, nicht ohne akustische Signale im Umgang mit unseren Hunden auszukommen. Nach und nach merken die meisten aber, wie aufmerksam ihr Hund wird. Mensch und Hund werden zu einem aufeinander abgestimmten Team. Erstaunlich, dass Hunde immer wieder bereit sind, aufs Neue mit uns zu kommunizieren. Viele haben aber auch resigniert den Dialog eingestellt.

63

Der magische Blick

Bei der Zielobjektsuche im Trümmerfeld wundert sich der eine oder andere, warum vor allem erfahrene und kommunikationsbereite Hunde den Gegenstand sehr schnell finden, wenn der Hundeführer ihn selber versteckt hat. Unbewusst lenken wir den Blick und unsere Körperausrichtung zum Versteck und der Hund grenzt das große Suchfeld dadurch schon mal erfolgreich ein.

Viel zu oft haben wir unseren Hund dauernd im Blick und bremsen ihn dadurch aus. Der Hund erwartet eine neue Information und wir lassen unseren Blick kontrollierend auf ihm ruhen. Beim Longieren mit dem Hund wird diese Diskrepanz anfangs besonders deutlich. Der Mensch glaubt, dauernd seinen Hund im Blick haben zu müssen, und dieser wird am Kreis immer langsamer. Nimmt man den Blick vom Hund weg und lässt ihn entlang dem Kreisbogen in die gewünschte Richtung wandern, so folgt auch meist der Hund nach kurzer Zeit freudig. Wir geben mit unserer Blickrichtung den Weg vor. Nun wollen wir sehen, wie aufmerksam unser Hund dem Blick folgt, und ihn natürlich auch in dieser harmonischen Dialogform weiter schulen. Der Ball ist uns da wieder ein willkommenes Hilfsmittel.

Material:
- _zwei kleine Eimer_
- _Bälle_
- _eine Hilfsperson_

Vorkenntnisse:
Der Hund sollte ruhig sitzen bleiben können und am Ball interessiert sein.

Einfacher ist es, wenn der Hund die Grundübung „Stupsen" kennt.

Lernziel:
Der Hund soll lernen, dem Blick seines Menschen zu folgen und sich dadurch gerichtet schicken lassen.

Schritt 1
Der Hund sitzt ruhig zwischen zwei Eimern, a denen jeweils ein Ball liegt. Der Mensch hockt v seinem Hund und blickt deutlich zu einem Eim indem er entweder den ganzen Oberkörper u den Kopf in die entsprechende Richtung dre oder nur deutlich den Kopf. Dann gibt man de Hund ein Auflösungssignal, wie etwa „Hol ihn d Geht der Hund zu dem anderen Eimer, so verhi dert die Hilfsperson, dass er zum Erfolg kommt

Schritt 2
Nun kann man testen, wie deutlich die Ausric tung beim jeweiligen Hund sein muss, dami den gewünschten Eimer noch erkennt. Je na Hund reichen bei gutem Training die Augenb wegungen, ohne die Kopfstellung zu veränder

Schritt 3
Man legt nur unter einen Eimer den Ball, dir giert den Hund nur über den Blick zu diese Eimer und lässt ihn „stupsen". Dann darf er si den Ball holen.

Schritt 4
Die beiden Eimer, die sich zunächst rechts ur links vom Hund befunden haben, können nu nach und nach auf einem gedachten Kreisbo

Wahrhaft zirkusreif ... (Foto: Thorsten Kuhl)

gen näher zusammenrücken. Wie klein kann der Abstand zwischen den beiden Eimern sein, damit der Hund noch unseren Augenbewegungen richtig folgt? Eine echte Herausforderung!

Zirkusreifer Balanceakt

Im Zirkus sieht es immer so einfach aus. Menschen und Tiere balancieren auf riesigen Kugeln und laufen dabei auch noch vorwärts. Was so einfach aussieht, erweist sich als motorische Meisterleistung.

Wir haben diese Übung zunächst einmal mit Hunden trainiert, die bei uns schon den Spitznamen „Bergziege" haben. Das bedeutet, dass sie keinen erhöhten Punkt auslassen, um darauf zu klettern und sich zu präsentieren, frei nach dem Motto: Schaut her, wie toll ich bin! Wir haben es jedes Mal bestätigt. Was liegt also bei so viel Aufmerksamkeit näher, als es immer wieder zu tun?

Es handelte sich dabei bisher nur um kleine bis mittelgroße Rassen.

Material:
- ein der Größe des Hundes angepasster Hartschalenball aus dem Zirkusrepertoire
- Noppen für Duschen/Badewannen zum Bekleben der glatten Oberfläche
- ein Brustgeschirr
- eine Möglichkeit, den Ball zu fixieren (zum Beispiel ein Hundekörbchen)
- eine Hilfsperson

Vorkenntnisse:
Der Hund sollte nervlich stabil und motorisch trainiert sein.

Schritt 1
Der Ball sollte unbedingt in ein Hundekörbchen oder einen Autoreifen gelegt werden, um ein Wegrollen zu verhindern. Man hebt dann den Hund auf den Ball und hält ihn ruhig am Brustgeschirr fest. Der Hund wird dabei ausgiebig gelobt. Für die ersten Male genügen wenige Sekunden. Dieser Schritt muss mehrfach wiederholt werden, ohne dass der Hund die Lust verliert.

Fühlt er sich weiterhin unsicher, kann es helfen, dass eine zweite Person dem Hund auf dem Ball eine schmackhafte Mahlzeit serviert. Keinesfalls darf man das Geschirr loslassen, bevor sich der Hund auf dem Ball sicher und wohlfühlt. Das wird unter Umständen etliche Trainingseinheiten in Anspruch nehmen.

Schritt 2
Der nächste Schritt besteht darin, dass der Hund auf dem Ball steht, ohne dass er festgehalten werden muss. Dazu übt man zunächst, dass der Hund freiwillig auf den Ball springt und auch wieder herunter. Man kann als vorübergehende Hilfe den fixierten Ball neben eine Art Aufsteigpodest stellen. Ein Agility-Tisch ist da hervorragend geeignet. Der Hund kann dann von diesem Tisch aus besser die Höhe überwinden, muss nicht so viel Schwung nehmen und die Gefahr ist nicht so groß, dass er gleich auf der anderen Seite wieder herunterrutscht. Auch dieser Schritt ist sehr trainingsintensiv.

Schritt 3
Wenn der Hund sicher auf dem Ball stehen kann, beginnt man vorsichtig zu wackeln. Hier ist eine Hilfsperson wieder sehr hilfreich. So kann einer mit dem Wackeln beginnen und der andere sichert den Hund am Brustgeschirr.

Schritt 4
Nun kann man beginnen, den Ball langsam zu rollen. Es kann eine Weile dauern, bis der Hund merkt, dass er ruhig auf dem Ball laufen muss, um nicht herunterzufallen. Auch hier kann eine zweite Person zur Absicherung wieder sehr günstig sein. Es macht auch nichts, wenn man diesen Schritt nicht erreicht, es ist eben eine echte Profi-Zirkusnummer!

Bälle–Rallye

Die aufgeführte Rallye kann als Anregung für Hundeschulen und Vereine zur gemeinsamen Gestaltung eines Events dienen. Die einzelnen Elemente lassen sich aber auch sehr schön im heimischen Garten verwirklichen.

Je nachdem, mit wem die folgenden Aufgaben durchgeführt werden sollen, muss zuvor eine entsprechende Trainingszeit eingeplant werden, denn einige Übungen sind durchaus anspruchsvoll.

Will man bei einer Veranstaltung den Teams einen besonderen Anreiz geben, indem man Gewinne aussetzt, so macht es viel Spaß, die Bälle mit Zahlen zu beschriften. Wer mit der höchsten Zahl am Ende ankommt, hat gewonnen. Hier kann kein falscher Ehrgeiz aufkommen, denn lediglich das Glück entscheidet.

Man geht mit seinem Ball von Station zu Station und bekommt dort immer wieder einen neuen Ball. Wenn man eine Aufgabe erfolgreich geschafft hat, kann man die Zahl notieren. Am Ende werden alle Zahlen addiert. Das hat sich als eine stressfreie Vorgehensweise zur Motivation für die menschlichen Teilnehmer herausgestellt. Wenn man die Rallye wettkampfmäßig ausrichtet, dann empfiehlt es sich, den Hundeführer jeweils den Ball mit der Gewinnzahl selbst aus einem verdeckten Behältnis ziehen zu lassen. Mit diesem Ball kann er dann an der jeweiligen Station mit seinem Hund arbeiten.

Tunnel – Apport!

Ein Ball wird in den Tunnel geworfen und der Hund hinterhergeschickt. Bringt der Hund den Ball am anderen Ende mit heraus, so kann man die darauf befindliche Zahl auf das eigene Konto verbuchen.

Material:
ein Tunnel

Vorkenntnisse:
Der Hund muss den Tunnel kennen und Bälle apportieren.

Variante:
Die etwas schwierigere Variante besteht darin, dass im Tunnel schon ein neuer Ball liegt (mit einer unbekannten Zahl). Der Hund hat jetzt nicht den Trieb, hinter dem bewegten Objekt herzulaufen, sondern muss allein durch das Kommando „Bring" und seine Nase auf die Idee kommen, den Ball aus dem Tunnel mitzubringen.

Übrigens wirkt es auf die menschlichen Begleiter sehr motivierend, wenn man ihnen in Aussicht stellt, dass sie bei ausbleibendem Apport des Hundes selber in den Tunnel krabbeln müssen, um den Ball herauszuholen.

Fliegender Ball

Material:
Tennisbälle an Fäden

Hütchen-Spiel

Die Bälle werden an unterschiedlich largen Fäden in Bäume gehängt. So viele Bälle, wie der Hund in einer Minute mit der Nase stupst, darf man sich zahlenmäßig anrechnen lassen. Wichtig: Das Maul muss geschlossen bleiben!

Wer die Bälle abreißt, wird disqualifiziert. Die Übung ist gar nicht so leicht, wie sie aussieht!

Material:
- **Abgrenzhütchen aus dem Bereich Obedience**
- **Bälle mit Seil**

Vorkenntnisse:
Es klappt gut, wenn der Hund die Grundübung „Nimm auf" kennt.

Beim Hütchen-Spiel muss der Hund das Seil mit dem Ball durch das Loch im Abgrenzhütchen fädeln.

ACHTUNG!

Teams, die turniermäßig Obedience betreiben, sollten diese Übung lieber nicht machen oder andere Behältnisse nehmen. Man kann zum Beispiel auch alte Töpfe mit Deckel aufstellen und Seile an die Deckel binden. Dann kann sich im Topf der Ball befinden und der Hund kann ihn zusätzlich noch aus dem Topf fischen, nachdem er den Deckel möglichst leise beiseitegelegt hat. Benutzt man die Hütchen, ist die Gefahr zu groß, dass der Hund den Spaßfaktor mit den Hütchen verbindet und bei einer Obedience-Prüfung unter den Hütchen nachschaut!

Für das Training im Obedience werden kleine Hütchen zur Abgrenzung angeboten, die oben eine Öffnung haben. Hier lassen sich wunderbar Bälle mit Seil drunterlegen. Das Seil wird durch das Loch gefädelt.

Man stellt so viele Hütchen im Halbkreis auf, wie man mit entsprechenden Bällen bestücken kann. Der Hund wird an der Leine an den Hütchen vorbeigeführt und der Hundeführer bestimmt, welches Hütchen angehoben werden soll.

Hier ist die Kenntnis der Grundübung „Nimm auf" hilfreich, denn der Hund soll ja nicht apportieren, sondern nur das Hütchen am Seil anheben. Unter dem Hütchen befinden sich in diesem Fall ein Zettel mit der neuen Zahl und vielleicht auch ein schönes Leckerli für den Hund.

Ball-Apport am Fallrohr

Material:
- *ein möglichst langes Abflussrohr*
- *Unterlegmaterial, um das Rohr in eine Schräglage zu bringen*
- *ein Ball*
- *gegebenenfalls ein weiter Trichter zum Aufsetzen auf das Rohr*
- *ein Fußbänkchen für den Hund*

Vorkenntnisse:
Es wird einfacher, wenn der Hund die Grundübung „Aufräumen" kennt.

Diese Aufgabe hat es durchaus in sich! Ohne vorherige Übung am Gerät wird sie kaum ein Hund schaffen.

Schritt 1

Der Mensch gibt den Ball in das schräg aufgestellte Fallrohr, sodass er hindurchrollt und am anderen Ende wieder ans Tageslicht kommt. Der Hund sollte dabei ans Auslauf-Ende gesetzt werden. Es kann durchaus passieren, dass der Hund die ersten Bälle verpasst, weil er auf das Tun seines Besitzers fixiert ist und gar nicht damit rechnet, dass der Ball am anderen Ende auftaucht. In diesem Fall spart es Zeit, wenn man eine Hilfsperson hat, die den Ball einfädelt, und man selbst seinen Hund mit Spannung auf das untere Loch aufmerksam macht.

Hat der Hund verstanden, dass der Ball unten herauskommt, so fordert man ihn zum Apport auf. Jetzt kann der Besitzer allein am oberen Ende stehen und sich den Ball vom Hund bringen lassen, um ihn wieder ins Rohr zu geben.

Schritt 2

Der Hund muss sich zunächst einmal für das Loch an der „Einwurfseite" interessieren. Je nach Größe des Hundes und Lage des Rohrs, muss man noch eine kleine Hilfe in Form einer Fußbank einbauen, damit der Hund gut an das obere Rohrende gelangt. Man motiviert ihn also, mit den Vorderbeinen auf das Fußbänkchen zu steigen, und hält ihm ein Leckerli auf der flachen Hand in die Rohröffnung der „Einwurfseite".

Wenn der Hund das Kommando „Aufräumen" kennt, muss man ihm jetzt nur noch plausibel machen, dass es dieses Loch ist, wohin er aufräumen soll. Eine Übung, die nicht immer ganz einfach ist. Der Teampartner Mensch darf anfangs ruhig ein bisschen manipulieren, damit der Ball auch richtig fällt.

Zunächst muss sich der Hund für das Loch an der „Einwurfseite" des Fallrohrs interessieren.

Schritt 3

Die ganze Übung wird zu einem fließenden Ablauf zusammengesetzt, bei dem der Hund den Ball an der „Einwurfseite" einwirft, apportiert und zum erneuten Einwerfen an den Rohranfang zurückkommt. Die Aufgabe ist geschafft, wenn man diesen Ablauf einmal absolviert hat. Dann kann die Ballzahl zum Konto addiert werden.

In einem fließenden Ablauf soll der Hund den Ball am Ende des Fallrohrs aufnehmen, ...

... ihn wieder zur Einwurfseite apportieren und dort erneut einwerfen.

Tauschen verboten

Die sechs Reifen oder Kartons entsprechen den Zahlen auf dem Würfel und sollten auch entsprechend beschriftet werden. Die Bälle oder Spielsachen werden gleichmäßig auf die Reifen verteilt.

Material:
- *sechs Hula-Hoop-Reifen (alternativ sechs Kartons)*
- *Bälle/Spielsachen*
- *ein großer Stoffwürfel*

Schritt 1
Der Hund muss den Würfel so mit der Nase stupsen, dass die erwürfelte Zahl abgelesen werden kann.

Vorkenntnisse:
- *Der Hund sollte die Grundübung „Stupsen" kennen und einen Ball ruhig aus einer Ansammlung von Bällen heraus aufnehmen und seinem Besitzer bringen können.*
- *Für die Zusatzaufgabe: Dirigieren auf Distanz mit den Grundkom-mandos „Voran" und „Stopp".*

Schritt 2
Der Hund geht angeleint oder frei mit seinem Besitzer an den anderen Reifen vorbei zu dem erwürfelten Reifen. Auf dem Weg darf kein Ball entnommen werden. Im richtigen Reifen darf der Hund einen Ball aufnehmen und muss ihn zum Start zurückbringen. Dabei muss er wieder an den anderen Reifen vorbei und darf nicht tauschen.

Schritt 3 – Zusatzaufgabe für Profis
Der Besitzer bleibt nach dem Würfeln am Start stehen und schickt seinen Hund mit

Nur im erwürfelten Reifen darf der Hund einen Ball aufnehmen, den er dann zum Start zurückbringt.

ACHTUNG!

Es ist für Hunde sehr schwer, aus einer Ansammlung von Bällen/Spielsachen nur einen Gegenstand herauszunehmen. Es kann helfen, wenn man zunächst den eigenen Ball an der entsprechenden Stelle auslegt und den Hund bringen lässt. Wenn der Hund den Begriff „Ball" kennt, kann man auch jeweils nur einen Ball unter viele andere Spielsachen legen.

dem Kommando „Voran" bis zu dem erwürfelten Reifen. Dort bringt er ihn mit „Stopp" zum Stehen und gibt das Kommando für den Apport. Wenn das klappt, wird es Zeit, den Hund an der Universität anzumelden!

Bei dieser Station kann man die Würfelzahl zum Addieren verwenden.

Eierlauf

Material:
- *ein Löffel pro Teilnehmer*
- *Bälle*
- *fünf bis sieben Pylonen*

Vorkenntnisse:
Der Hund sollte leinenführig sein und den Besitz seines Menschen anerkennen.

Schritt 1
Der angeleinte Hund geht mit seinem Besitzer im Slalom durch die aufgestellten Pylonen. Die Leine soll dabei nur über den Unterarm gelegt werden und in der entsprechender Hand befindet sich ein Löffel mit einem Ball darauf. Es empfiehlt sich, dem Hund vorher eindeutig klar zu machen, dass dieser Ball dem Menschen gehört und Bocksprünge zu keinem Erfolg führen. Das Festhalten des Balls auf dem Löffel ist nur in der Übungsphase zulässig.

Hier sollte mit viel Körpersprache gearbeitet werden, damit der Hund sich auf den Hundeführer konzentriert und nicht auf den Ball.

Schritt 2
Die Aufgabe lässt sich noch wunderschön erschweren, indem man den Hund ableint und zusätzlich auf die Pylonenspitzen jeweils einen Ball legt (nur bei Pylonen mit oben befindlichem Loch möglich). Hat man den Ball ohne Absturz auf dem Löffel durch den Slalom gebracht, so kann man die Zahl wiederum auf das eigene Konto verbuchen.

Impulskontrolle

Material:
- *ein altes Betttuch mit einge-zeichneten Quadraten, in denen beliebige Zahlen stehen*
- *ein Ball*

Vorkenntnisse:
Platz und Bleib unter Ablenkung

<< Hier ist echtes Teamwork gefragt, denn damit diese Übung gut gelingt, sollte sich der Hund auf den Hundeführer konzentrieren – und nicht auf den Ball.

Der Hund liegt brav vor dem Betttuch, während der Mensch den Ball in eines der Quadrate zu rollen versucht.

Diese Aufgabe wird umso spannender, je weiter man den Hund vom Betttuch entfernt platziert.

Variante:
Wer den Spaß- und Schwierigkeitsfaktor noch um einiges erhöhen will, der wählt einen Ball in Eiform mit dem ihm eigenen unkalkulierbaren Rollverhalten. Der Hund muss hier die Ballbewegung aushalten, der Mensch kann sein eigenes Ballgefühl auf eine harte Probe stellen und ist für die Punktzahl verantwortlich.

Putzeimer einmal anders

Material:
- *ein Putzeimer mit einem Ball*
- *ein leerer Putzeimer*

Vorkenntnisse:
Der Hund sollte apportieren und „aufräumen" können.

Schritt 1
Der Hund geht mit seinem Hundeführer zusammen zum Eimer mit dem Ball. Der Mensch animiert ihn zum Aufnehmen des Balls. Manche Hunde scheuen sich, den Kopf in ein Gefäß hineinzustecken. Hier kann man erst einmal einen leeren Eimer nehmen und den Hund daraus füttern.

Schritt 2

Der Ball muss zu dem leeren Eimer gebracht und gemäß der Grundübung „Aufräumen" in den Eimer abgelegt werden.

Hat das geklappt, kann man die entsprechende Zahl auf dem Ball notieren.

Wasserball – wie noch nie

Material:
- _ein Kinderplanschbecken_
- _Bälle_
- _eine Spielzeugente_

Vorkenntnisse:
Der Hund sollte in Vorübungen an das Planschbecken gewöhnt werden. Manche Hunde gehen völlig problemlos in ein solches Plastikbecken mit Wasser, andere brauchen eine kleinschrittige Eingewöhnung. Dann sollte man zunächst Leckerlis in das trockene Becken werfen und später nur langsam Wasser dazugeben.

Der Hund braucht Geschick und Spaß an der Sache, um den sich drehenden Ball im Wasser fassen zu können.

Schritt 1

Der Hund geht freudig in das Becken mit Wasser, in dem sich ein Schwimmentchen befindet. Man animiert den Hund, dieses aus dem Becken zu apportieren. Das Entchen ist wesentlich griffiger als ein Ball, da es sich für den Hund besser mit dem Maul fassen lässt. Hat der Hund hier zunächst Schwierigkeiten, kann man die Übung auch erst einmal „an Land" durchführen.

Schritt 2

Statt des Entchens nimmt man einen Ball, den der Hund gut ins Maul nehmen kann. Da der

Ball sich auf der Wasseroberfläche dreht, muss der Hund geschickt hantieren, um den Ball fassen zu können.

Schritt 3

Im Handel gibt es Hartschalenbälle von der Größe einer Honigmelone mit Griff. Sie sind schwimmfähig und drehen sich auf der Wasseroberfläche. Nur ein echter Profi bekommt einen solchen Ball im richtigen Augenblick am Griff zu fassen, um ihn aus dem Becken zu tragen. Wasserfreaks können von dieser Aufgabe nicht genug bekommen.

Für die Rallye gibt man mehrere Bälle in das Planschbecken und hofft, dass der Hund einen Ball mit möglichst hoher Zahl herausfischt.

Zu guter Letzt

Danke

Die Idee zu diesem Buch stammte von meinem Mann Klaus. Als er merkte, dass der Funke bei dem Thema Bälle bei mir zunächst nicht so recht übersprang, hat er mir immer neue Varianten von Bällen gekauft, sodass ich gar nicht mehr anders konnte, als mich mit ihnen zu beschäftigen. Danke dafür!

Und dann danke ich natürlich unseren drei Hunden Enaya, Franzy und Nscho-Tschi, die unermüdlich und voller Freude alle Übungen mitgemacht haben.

Ich danke meinem tollen Trainerteam, das mir immer mit Rat und Tat, einer guten Portion Kreativität, aber auch fundierter Kritik zur Seite gestanden hat.

Zu guter Letzt danke ich allen Hundebesitzern aus der Hundeschule, die sich mit viel Engagement, aber auch viel Geduld zu den Fotositzungen eingefunden haben.

Zur weiteren Information

Franck, Rolf C. und Madeleine:
Das Blauerhund®-Konzept 3.
Hunde emotional verstehen und
trainieren – Agility und Obedience.
Schwarzenbek: CADMOS, 2011.

Hallgren, Anders:
Mentales Training für Hunde.
Schwarzenbek: CADMOS, 2012.

Loth, Uschi:
Mein Rudel und ich.
Burbach, 2010.

Röder, Nicole:
Hundetraining mit Spaß.
Schwarzenbek: CADMOS, 2014.

Röder, Nicole:
Raus aus dem Körbchen –
rein ins Vergnügen.
Schwarzenbek: CADMOS, 2013.

Stichwort-
register

Stichwortregister

CADMOS
Hundebücher

128 Seiten
farbig, broschiert
ISBN 978-3-8404-2023-8

Nicole Röder
Raus aus dem Körbchen –
rein ins Vergnügen
Spielend einfach zu mehr Spaß im Hundealltag

Hunde sind agile und clevere Vierbeiner, deren Potenzial häufig aus Zeitmangel oder Ideenlosigkeit nicht voll ausgeschöpft wird. Doch schon mit wenig Aufwand lässt sich der Spaziergang aufpeppen und ganz nebenbei eine bessere Verständigung zwischen Hund und Mensch erreichen. Von kreativen Ideen für Regentage bis zu Outdoor-Action bietet dieses Buch eine Fülle von Spiel- und Beschäftigungsvorschlägen mit positiver Nebenwirkungen.

160 Seiten
farbig, gebunden
ISBN 978-3-8404-2029-0

Inka Burow
Das große Handbuch Clickertraining
Positive Bestärkung erklärt von A bis Z

Alles Wissenswerte zum Thema Clickertraining für Hunde auf einen Blick: Das als Enzyklopädie angelegte Buch enthält neben einer ausführlichen Einführung in das Thema die komplette Theorie der positiven Bestärkung. Dieser Teil ist nach Stichworten alphabetisch sortiert. Der Praxisbezug wird durch Fallbeispiele und Anleitungen zum Nachmachen hergestellt.

128 Seiten
farbig, broschiert
ISBN 978-3-8404-2032-0

Christina Sondermann
Das große Spielebuch für Hunde
Beschäftigungsideen - Spaß im Hundealltag

In diesem Spielebuch kommen vor allem die kleinen Dinge ganz groß raus: Mit minimalem Aufwand entstehen lustige, spannende oder kreative Herausforderungen für den Hund. Die über 100 Spielideen passen in jeden Hundealltag und bereichern das Zusammenleben. Lassen Sie sich vom Spielefieber anstecken!

Kathrin Schar/Thomas Riepe
Hunde halten mit Bauchgefühl

In der heutigen Welt wird vieles unnötig verkomplizier. Der vorherrschende Reichtum an Informationen, zur Beispiel in Bezug auf die „richtige Trainingsmethode" verunsichert so manchen Hundehalter. Dieses Buch wi Ihnen zeigen, wie Sie ganz ohne eine bestimmte Philosophie oder ein besonderes Hilfsmittel ein entspanntes und glückliches Zusammenleben erreichen können. Die Autoren laden Sie ein, wieder „zurück zum Hund" zu gehe und sich spezifisch auf seine Bedürfnisse einzulassen.

128 Seiten, farbig, broschiert
ISBN 978-3-8404-2031-3

Harmke Horst
Hundetraining mit der Futtertube

Ein Praxisratgeber über den Einsatz eines moderner Hilfsmittels im Hundetraining: der Futtertube! Nach einer leicht verständlichen Einführung in die für das Training mit der Futtertube relevanten Grundlagen der Arbeit mit positiver Verstärkung wird Schritt für Schritt der Aufbau der einzelnen Übungen beschrieben und – ganz wichtig – es wird erklärt, wie man über den richtigen Belohnungsabbau eine Abhängigkeit vom Locken verhindert. Zudem gibt es Tipps und Tricks rund um die verschiedensten Futtertuben und deren Handhabung sowie leckere Rezepte für die Tubenfüllungen.

80 Seiten, farbig, Klappenbroschur
ISBN 978-3-8404-2506-6

Nicole Röder
Hundetraining mit Spaß

Wie beschäftige und trainiere ich meinen Hund am sinnvollsten? Viele Hundehalter stehen bei dieser Frage vor einem großen, unüberschaubaren Berg unterschiedlichster Methoden. Verschaffen Sie sich mit diesem Buch einen Überblick, wie Hunde lernen und welche Möglichkeiten es gibt, die Grunderziehung und weitere Ausbildung Ihres Hundes erfolgreich und mit viel Spaß zu gestalten.

80 Seiten, farbig, Klappenbroschur
ISBN 978-3-8404-2509-7

CADMOS

Möllner Straße 47 · 21493 Schwarzenbek

Tel.: 0 41 51 / 8 79 07-0 · Fax: 0 41 51 / 8 79 07-12

www.cadmos.de